# PRATIQUE DE LA RÉSISTANCE

## DES

# MATÉRIAUX DANS LES CONSTRUCTIONS

©

# PRATIQUE

DE LA

# RÉSISTANCE DES MATÉRIAUX

DANS LES

# CONSTRUCTIONS

PAR

## J. CHÉRY

CHEF DE BATAILLON DU GÉNIE

Professeur de constructions à l'École d'application de l'Artillerie et du Génie.

## PLANCHES

PARIS

LIBRAIRIE GÉNÉRALE DE L'ARCHITECTURE

ET DES TRAVAUX PUBLICS

## DUCHER ET Cie

Éditeurs de la Société Centrale des Architectes

51 RUE DES ÉCOLES 51

1877

Pl. 1

# Tableau des Diamètres des Tiges en Fer

Soumises a des efforts d'extension §8 $\dfrac{R \times \Pi \, d^2}{4} = T$ $\begin{cases} d \text{ en Millimètres} \\ T \text{ en Kilogr.} \end{cases}$

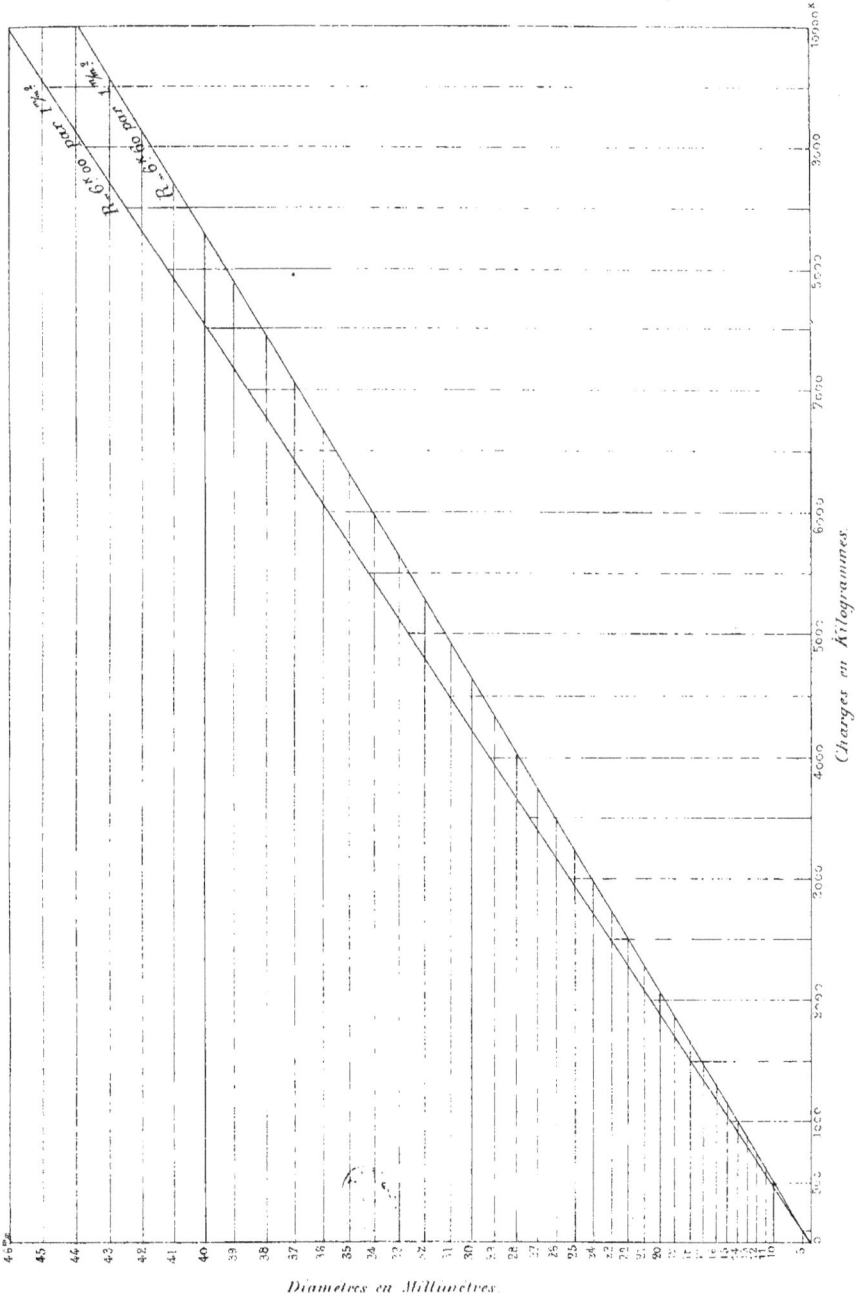

Diamètres en Millimètres.

Charges en Kilogrammes.

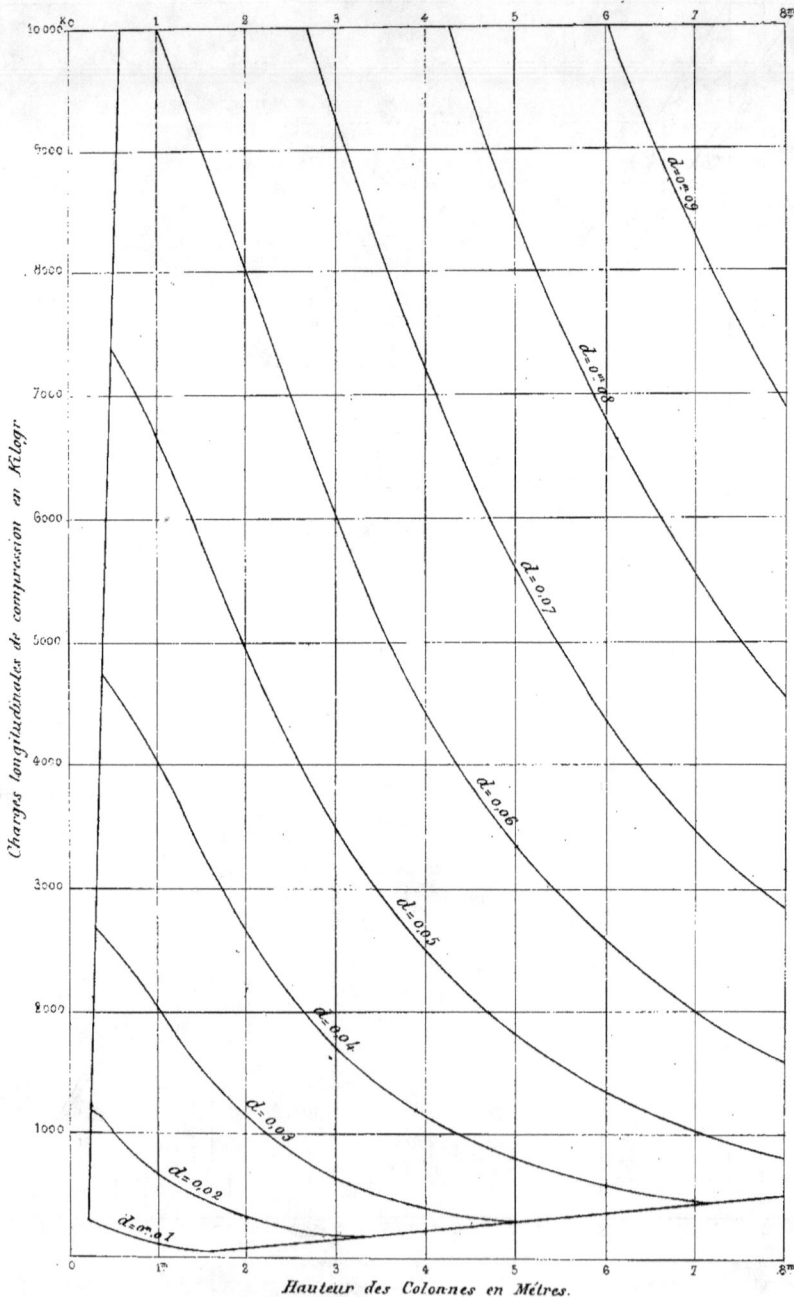

# TABLEAU DES DIAMÈTRES DES COLONNES EN FER

Pl. 2

Soumises à des charges de compression

d'après la formule de Lowe § 15 $P = \dfrac{600 \cdot d^4}{1,97\, d^4 + 0,00064\, L^2}$ $\begin{cases} d \text{ et } L \text{ en Centimètres} \\ P \text{ en Kilogr.} \end{cases}$

Charges longitudinales de compression en Kilogr.

Hauteur des Colonnes en Mètres.

$d = 0^m,09$
$d = 0^m,08$
$d = 0,07$
$d = 0,06$
$d = 0,05$
$d = 0,04$
$d = 0,03$
$d = 0,02$
$d = 0^m,01$

DUCHER & Cᵉ Editeurs, Paris.

J. Justin Storck, sc.

# SUITE DU TABLEAU DES DIAMÈTRES

## DES COLONNES EN FER

Pl 3

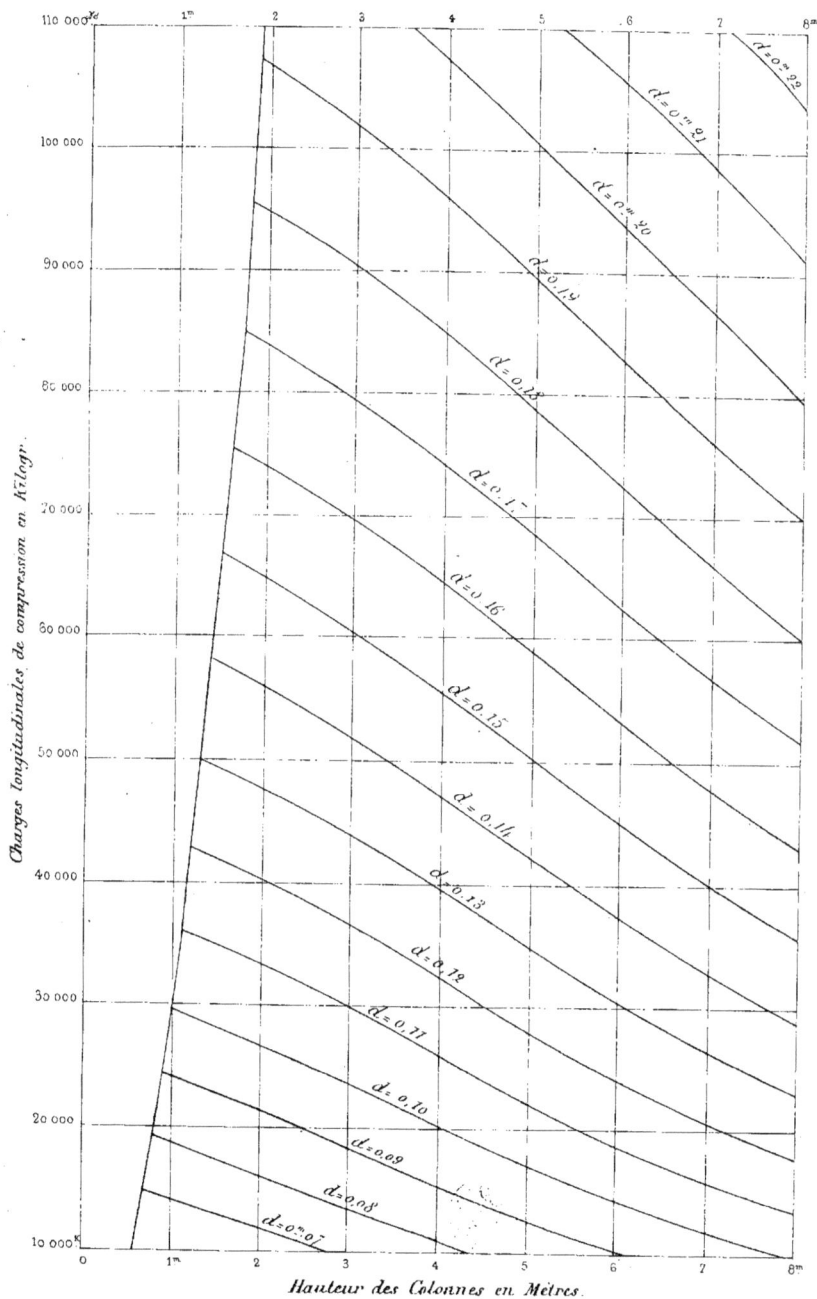

Charges longitudinales de compression en Kilogr.

Hauteur des Colonnes en Mètres.

$d = 0^m 22$
$d = 0^m 21$
$d = 0^m 20$
$d = 0.19$
$d = 0.18$
$d = 0.17$
$d = 0.16$
$d = 0.15$
$d = 0.14$
$d = 0.13$
$d = 0.12$
$d = 0.11$
$d = 0.10$
$d = 0.09$
$d = 0.08$
$d = 0^m 07$

DUCHER & Cⁱᵉ Éditeurs _ Paris

Pl. 4.

# Tableau des Diamètres des Colonnes en Fonte

soumises à des charges longitudinales de compression,

d'après la Formule de Lowe § 16 $P = \dfrac{1254\, d^4}{1.85\, d^2 + 0.00\, 43\, L^2}$ $\begin{cases} d \text{ et } L \text{ en Centimètres} \\ P \text{ en Kilogr.} \end{cases}$

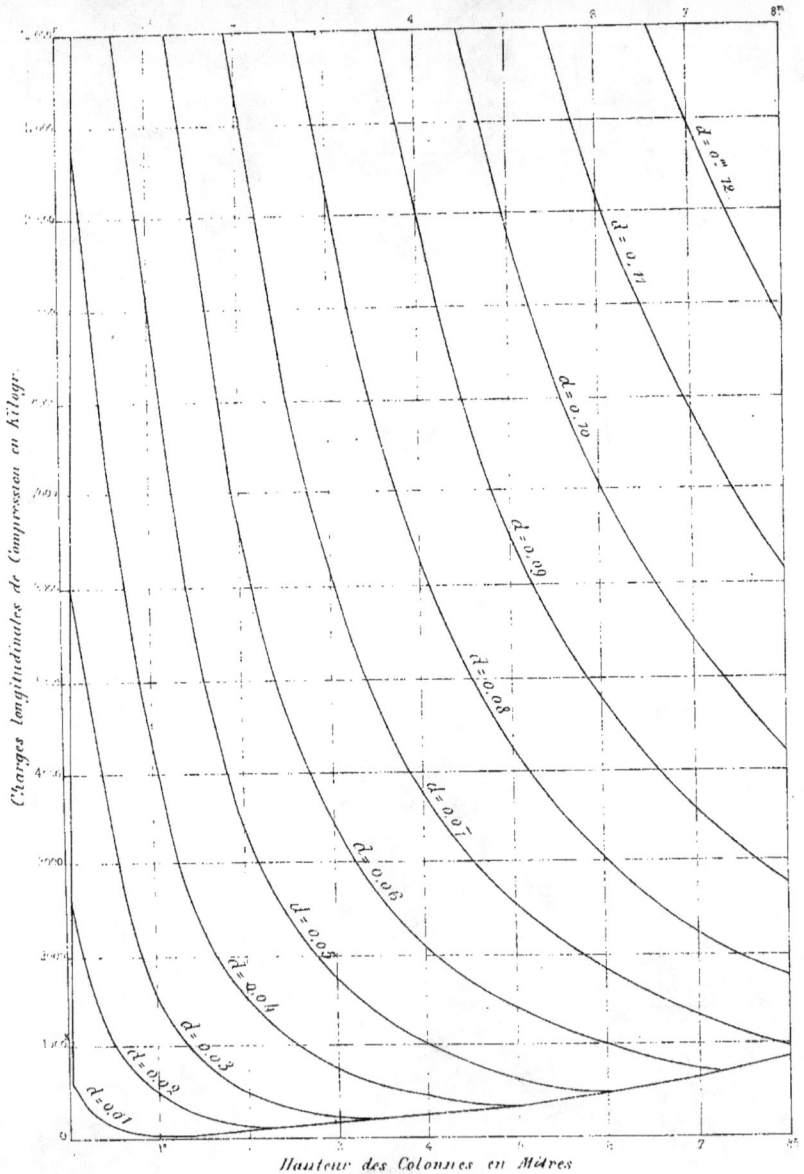

*Charges longitudinales de Compression en Kilogr.*

*Hauteur des Colonnes en Mètres*

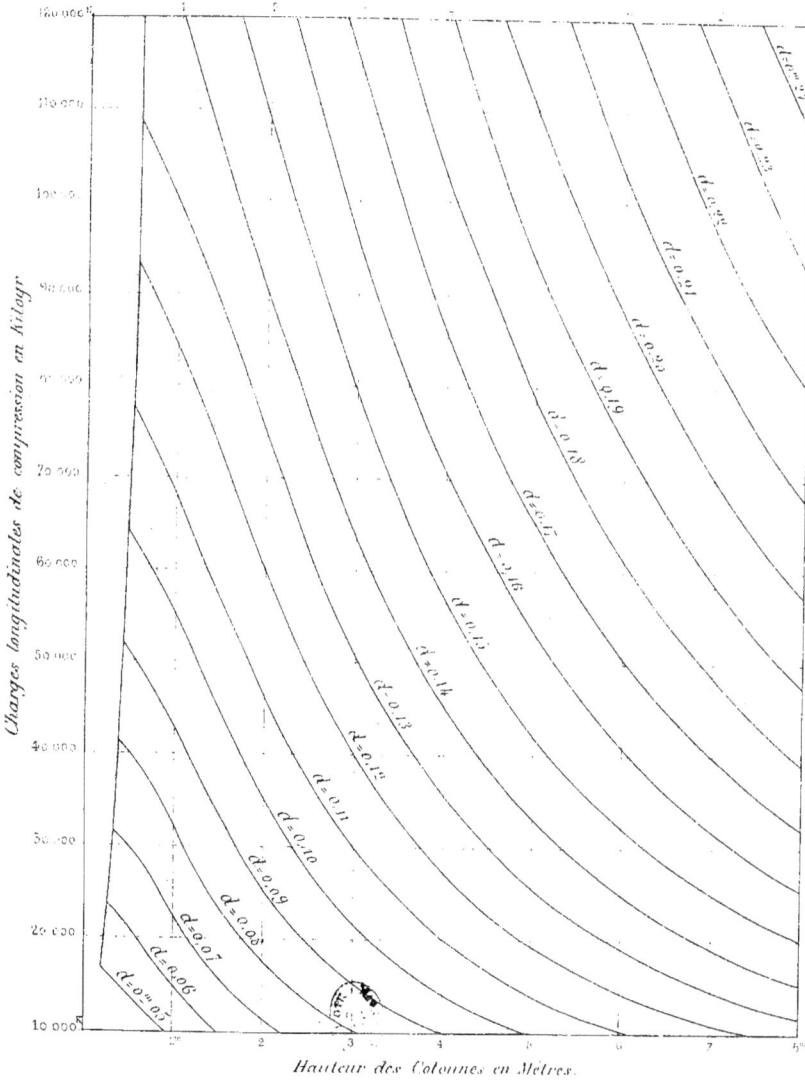

Charges longitudinales de compression en kilogr

Hauteur des Colonnes en Mètres.

Pl. 6

# 2ᵉᵐᵉ SUITE DU TABLEAU DES DIAMÈTRES

## DES COLONNES EN FONTE

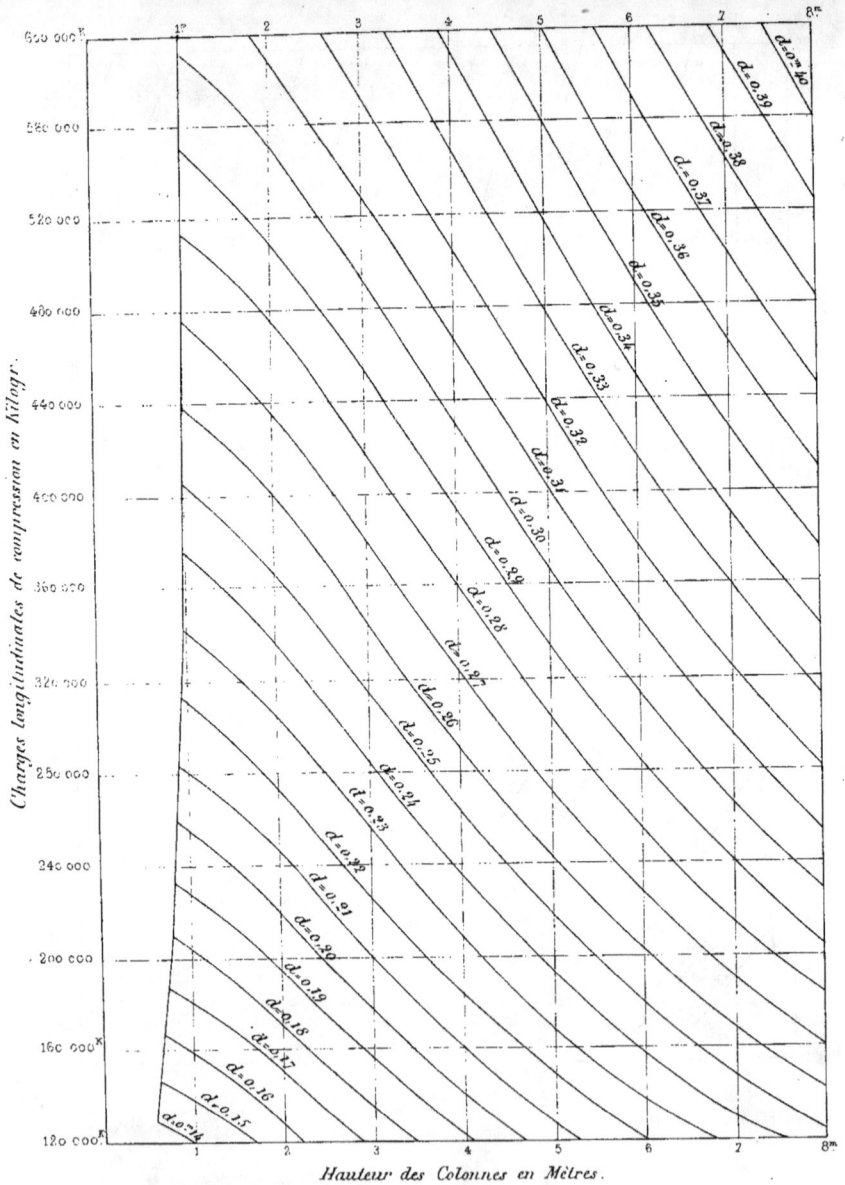

*Charges longitudinales de compression en Kilogr.*

*Hauteur des Colonnes en Mètres.*

Soumises à des charges uniformément reparties $\dfrac{R\,l}{n} = \dfrac{p\,Z^2}{8}$ ; $l = h$ ; $\dfrac{I}{n} = \dfrac{h^3}{6}$

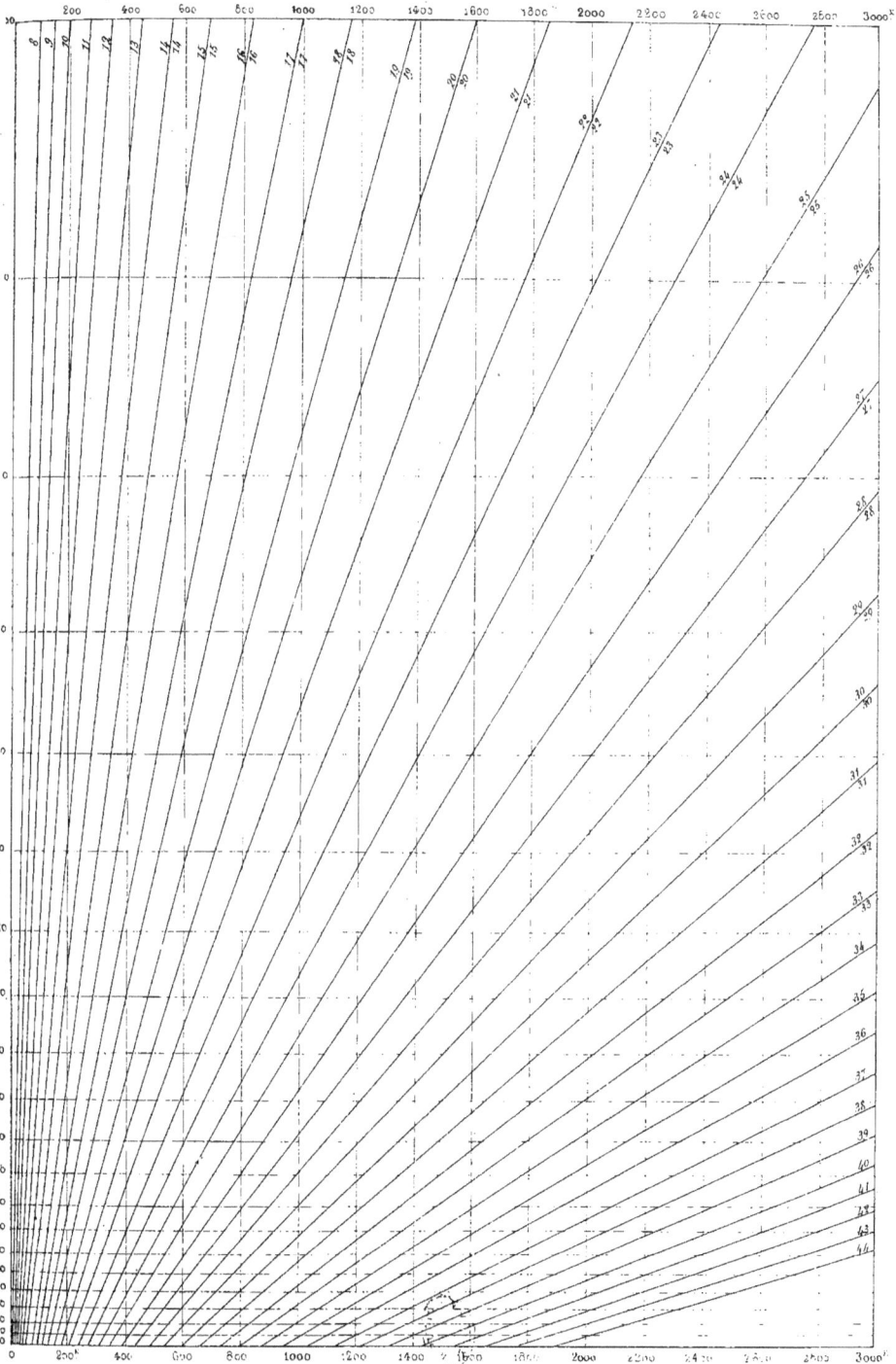

Charges par 1.<sup>m</sup> courant en Kilogr. R = 0.<sup>k</sup> 60 par 1<sup>mq</sup>

Pl. X

# SOLIVES DE SECTION RECTANGULAIRE

Soumises à des charges uniformément réparties $\quad \dfrac{RI}{n} = \dfrac{p}{8} Z^2 \; ; \quad l = \dfrac{h}{2} , \; \dfrac{I}{n} = \dfrac{h^3}{12}$

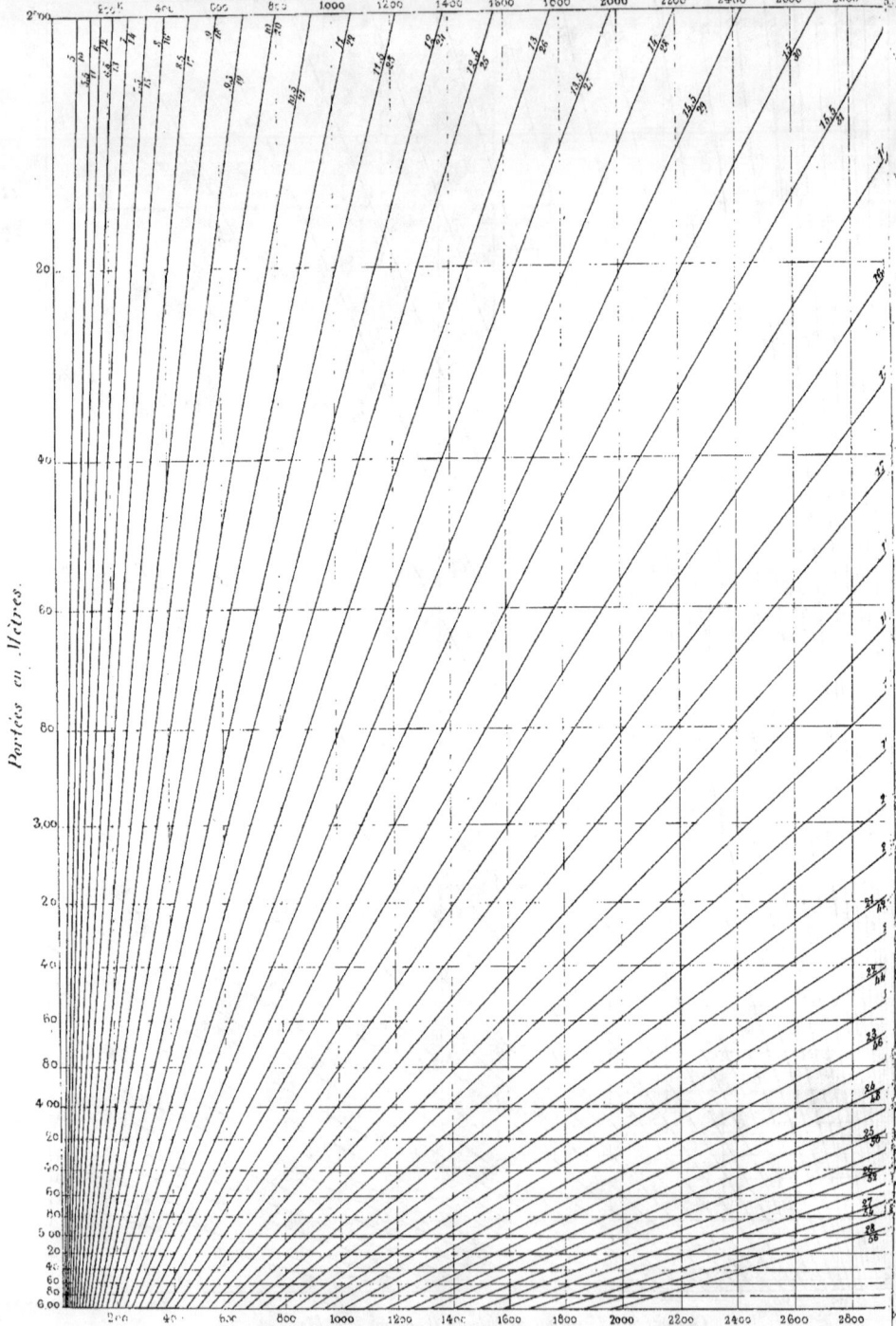

Portées en Mètres.

Charges par Mètre courant en Kilogr. $R = 0^k 60$ par $1^{m.t}$

J. Justin Storck.

Pl. 9

# SOLIVES DE SECTION RECTANGULAIRE, $l = \frac{h}{2}$

## ( Suite du Tableau — Pl. 8 )

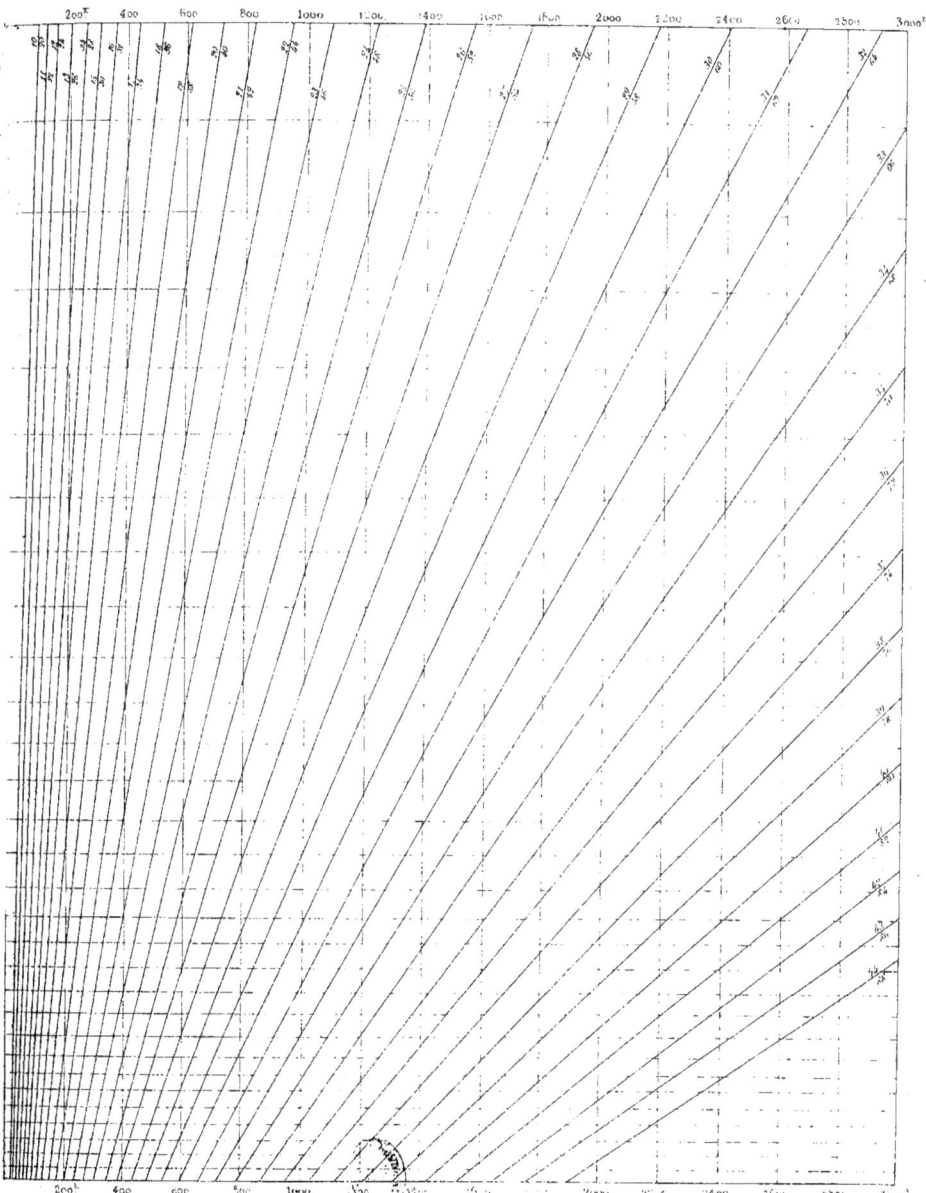

Charges par Mètre courant en Kilogr. R. $0^k$ 60 par $1^{m.c}$

# Solives de Section Rectangulaire,

Soumises à des charges uniformément réparties $\dfrac{RI}{n} = \dfrac{pZ^2}{8}$ ; $l = \dfrac{2h}{3}$, $\dfrac{I}{n} = \dfrac{h^3}{9}$

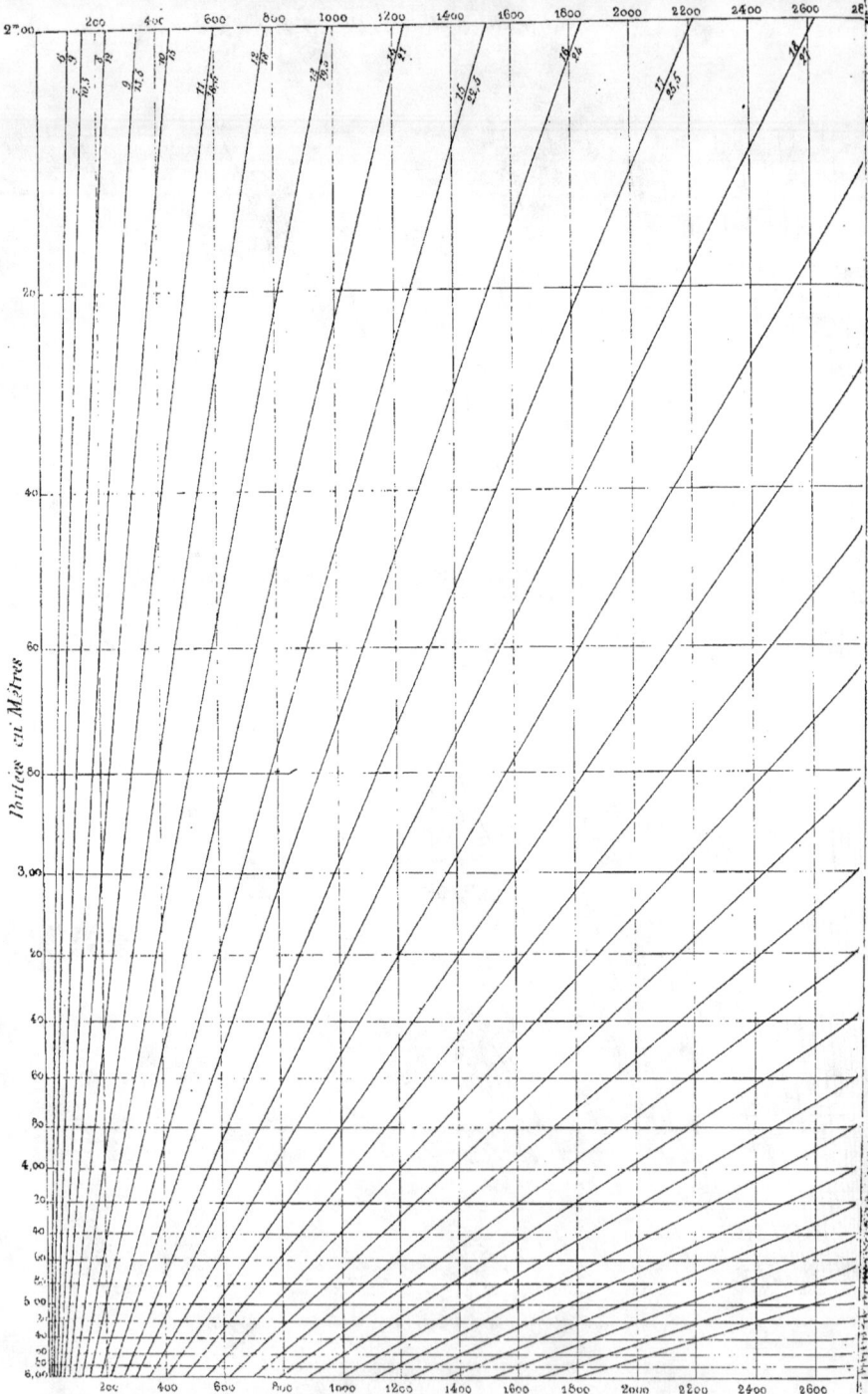

_Portées en Mètres_

_Charges par Mètre courant en Kilogr. R = 0ᵏ 60 par 1ᵐ.²_

J. Just

Pl. 11

# PLANCHES ET MADRIERS DE COMMERCE

## Soumis à des charges uniformément réparties

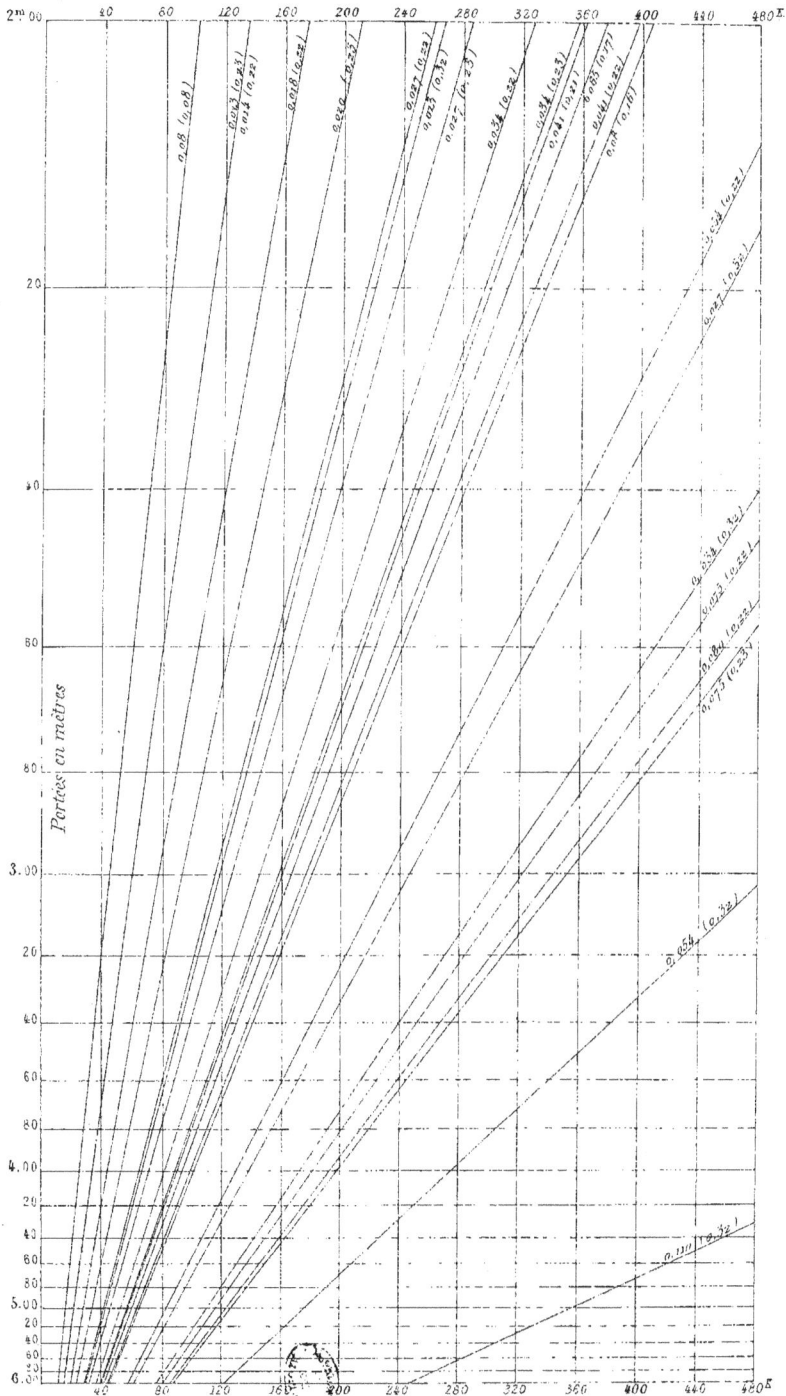

Charges par mètre courant en kilogrammes, $E. 0^k60$ par $1^{m}m^2$

## Soumis à des charges uniformément réparties

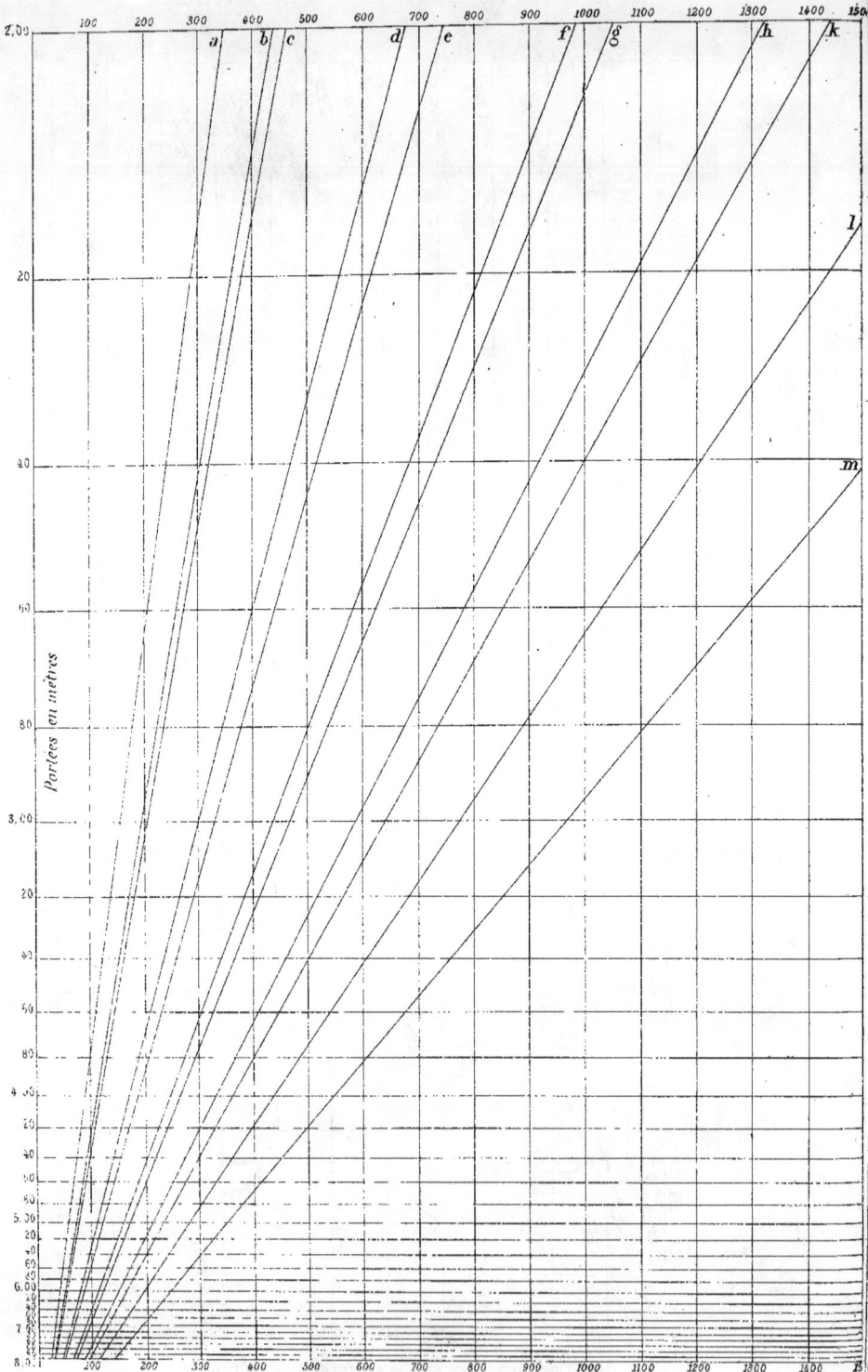

*Portées en mètres*

*Charges par mètre courant en kilogrammes . R . 6ᵏ par 1ᵐᵐ/ₘ²*

## Soumis à des charges uniformément réparties

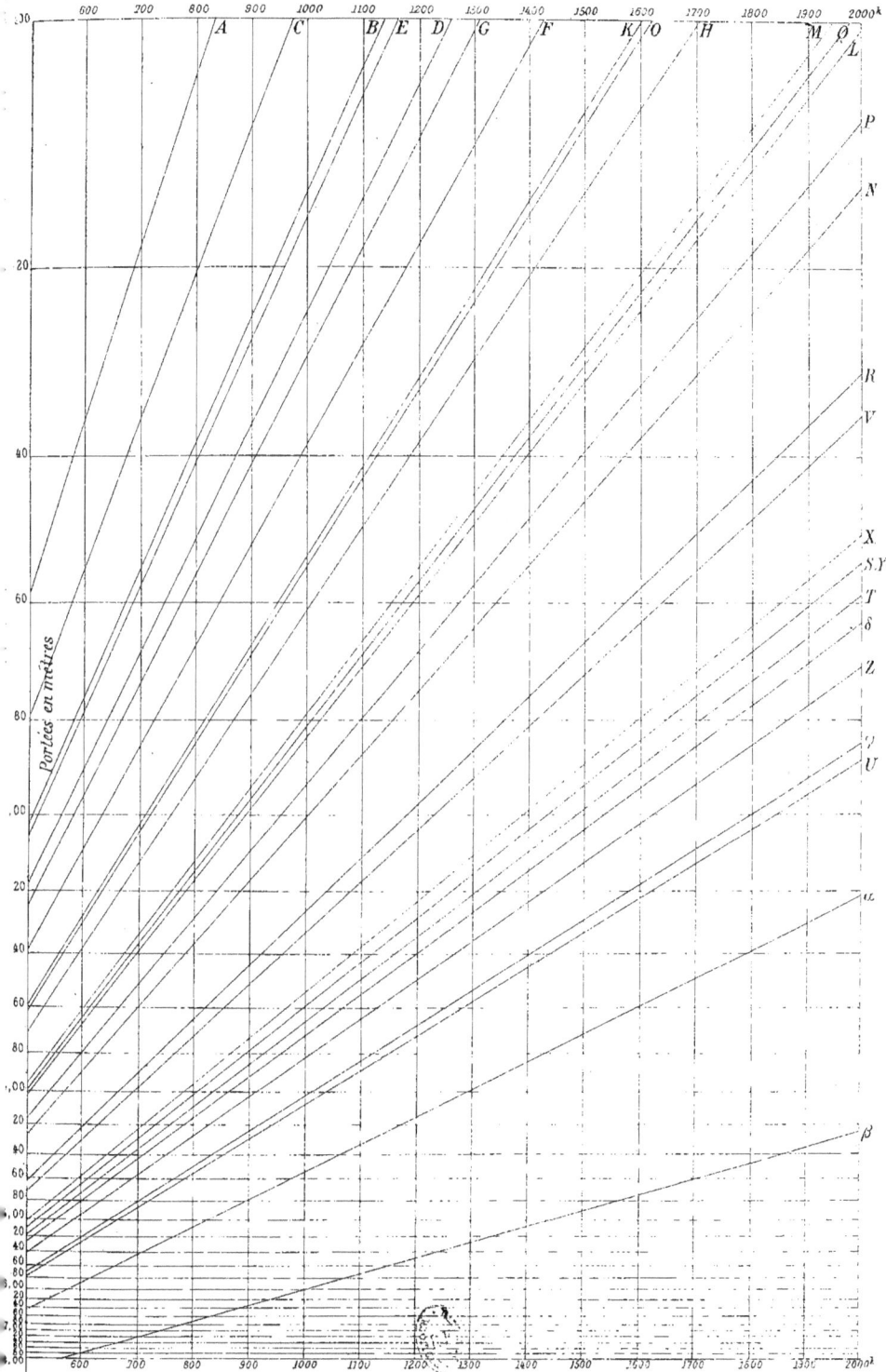

600  700  800  900  1000  1100  1200  1300  1400  1500  1600  1700  1800  1900  2000$^k$

A  C  B  E  D  G  F  K  O  H  M  Ø  L

P

N

R

V

X

S.Y

T

δ

Z

η

U

α

β

*Portées en mètres*

600  700  800  900  1000  1100  1200  1300  1400  1500  1600  1700  1800  1900  2000$^k$

*Charges par mètre courant en kilogrammes. R. 6$^k$ par 1$^{mm}$/$^2$*

Docher & C$^{ie}$ Éditeurs

Pl. 14.

# PROFILS DES FERS A DOUBLE T.

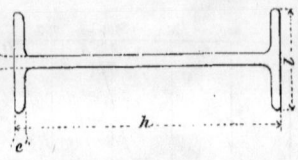

## Dupont et Fould

| Ailes ordinaires | | | | | | Larges ailes | | | | | | Larges ailes | | | | | |
|---|---|---|---|---|---|---|---|---|---|---|---|---|---|---|---|---|---|
| N°s | h | e | l | e' | Poids | N°s | h | e | l | e' | Poids | N°s | h | e | l | e' | Poids |
| a | 160 | 6 | 42 | 5 | 8.25 | A | 120 | 6.5 | 65 | 9 | 14.85 | Q | 158 | 10 | 85 | 12 | 27.39 |
| b | 100 | 10 | 47 | 6.5 | 12.45 | B | 120 | 17 | 75 | 9 | 24.18 | R | 180 | 9 | 100 | 12 | 32 |
| c | 120 | 4.5 | 45 | 6 | 9.20 | C | 116 | 9 | 70 | 10 | 18.17 | S | 180 | 18 | 109 | 12 | 45 |
| d | 120 | 12.5 | 54 | 7 | 17.30 | D | 118 | 19 | 80 | 10 | 27.36 | T | 200 | 10 | 110 | 12 | 35.65 |
| e | 140 | 5.5 | 47 | 7 | 11.60 | E | 116 | 11 | 75 | 12 | 22.30 | U | 200 | 20 | 120 | 12 | 51.25 |
| f | 140 | 12.5 | 56 | 8 | 21.30 | F | 116 | 21 | 85 | 12 | 31.81 | V | 160 | 10 | 120 | 12.5 | 34.50 |
| g | 160 | 6.5 | 48 | 7 | 14.10 | G | 140 | 8 | 76 | 10 | 20.93 | X | 158 | 14 | 124 | 14 | 41.78 |
| h | 160 | 16 | 53 | 8 | 25.20 | H | 140 | 18 | 86 | 10 | 31.64 | Y | 180 | 10 | 120 | 12.5 | 36 |
| k | 188 | 7 | 55 | 9 | 18.10 | K | 138 | 10 | 85 | 12 | 25.75 | Z | 178 | 14 | 124 | 14 | 45.60 |
| l | 200 | 8 | 60 | 9 | 22.0 | L | 138 | 20 | 95 | 12 | 35.43 | α | 260 | 10 | 120 | 12.5 | 43.60 |
| m | 220 | 8.5 | 64 | 10 | 25.20 | M | 136 | 12 | 90 | 14 | 31.54 | β | 255 | 18 | 140 | 20 | 75 |
| | | | | | | N | 136 | 22 | 100 | 14 | 42.10 | γ | 200 | 12 | 130 | 12.5 | 41.34 |
| | | | | | | O | 160 | 8 | 60 | 10 | 22.24 | δ | 205 | 10 | 100 | 12.5 | 30.15 |
| | | | | | | P | 160 | 10 | 90 | 10 | 34.72 | | | | | | |

## Creuzot.

| Ailes ordinaires | | | | | | Ailes ordinaires | | | | | | Larges ailes | | | | | |
|---|---|---|---|---|---|---|---|---|---|---|---|---|---|---|---|---|---|
| N°s | h | e | l | e' | Poids | N°s | h | e | l | e' | Poids | N°s | h | e | l | e' | Poids |
| a | 140 | 6 | 49 | 7 | 12.25 | g | 200 | 8 | 60 | 8 | 20.25 | D | 200 | 15 | 96 | 7.5 | 37.50 |
| b | 140 | 12 | 55 | 7 | 18.50 | h | 200 | 15 | 67 | 8 | 31.25 | E | 235 | 9 | 95 | 9 | 32.0 |
| c | 160 | 6.5 | 54 | 7.5 | 14.50 | Larges ailes | | | | | | F | 235 | 14 | 100 | 9 | 41.0 |
| d | 160 | 12 | 59.5 | 7.5 | 21.50 | A | 175 | 8 | 80 | 8 | 22.50 | G | 250 | 11 | 130 | 9 | 46.0 |
| e | 180 | 8 | 58 | 8 | 18.75 | B | 175 | 15 | 87 | 8 | 32.0 | H | 250 | 18 | 135 | 9 | 56 |
| f | 180 | 15 | 65 | 8 | 28.50 | C | 200 | 9 | 90 | 2.5 | 28 | | | | | | |

Duchez et S<sup>e</sup> Éditeurs.

# FERS A DOUBLE T, LARGES AILES *(Usines du Creuzot)*

## Soumis à des charges uniformément réparties.

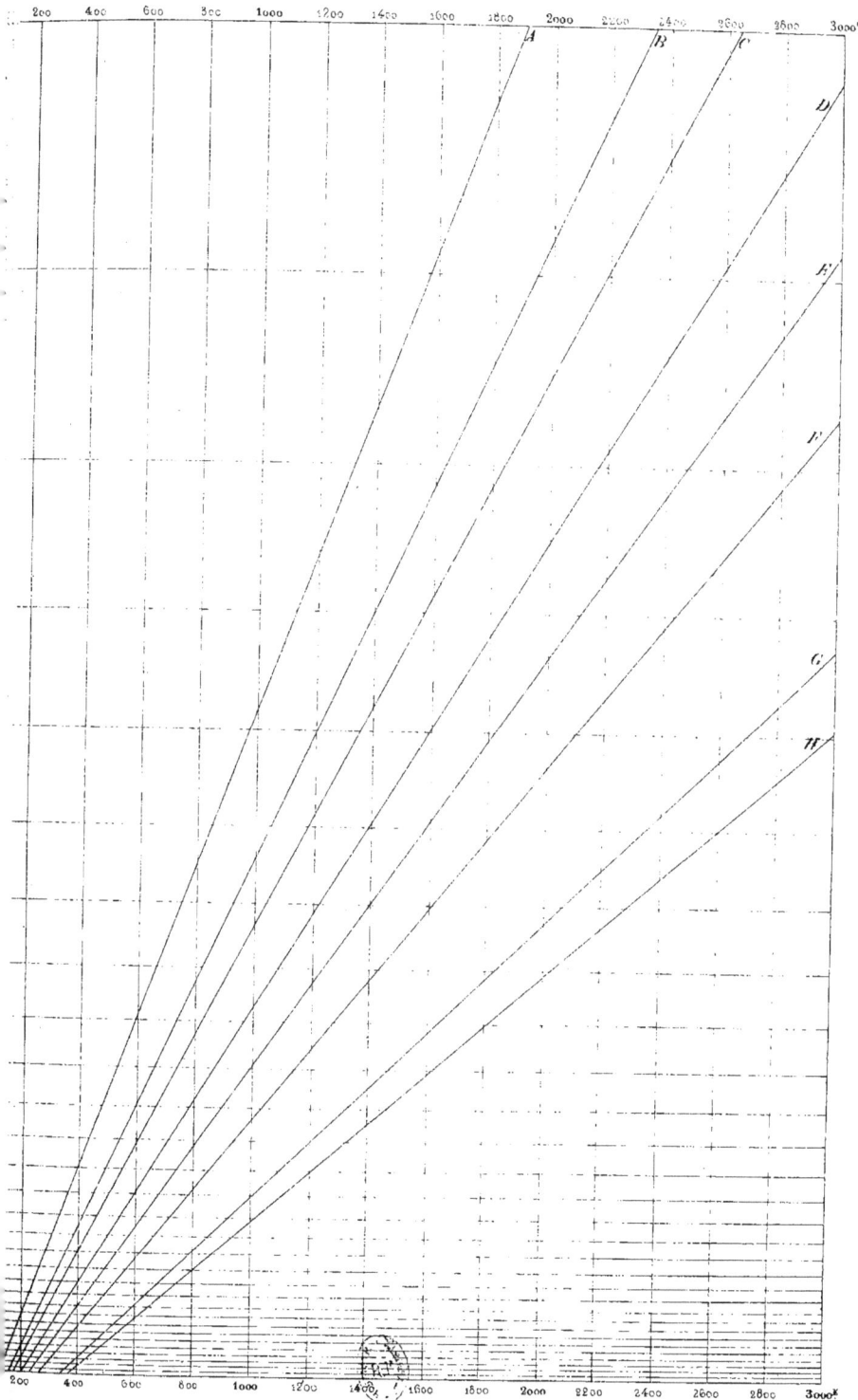

*Charges par Mètre courant en Kilogr. R = 6ᴷ par 1 ᵐ⋅ᵐ²*

& Cⁱᵉ Editeurs, Paris.

J. Justin Storck sc.

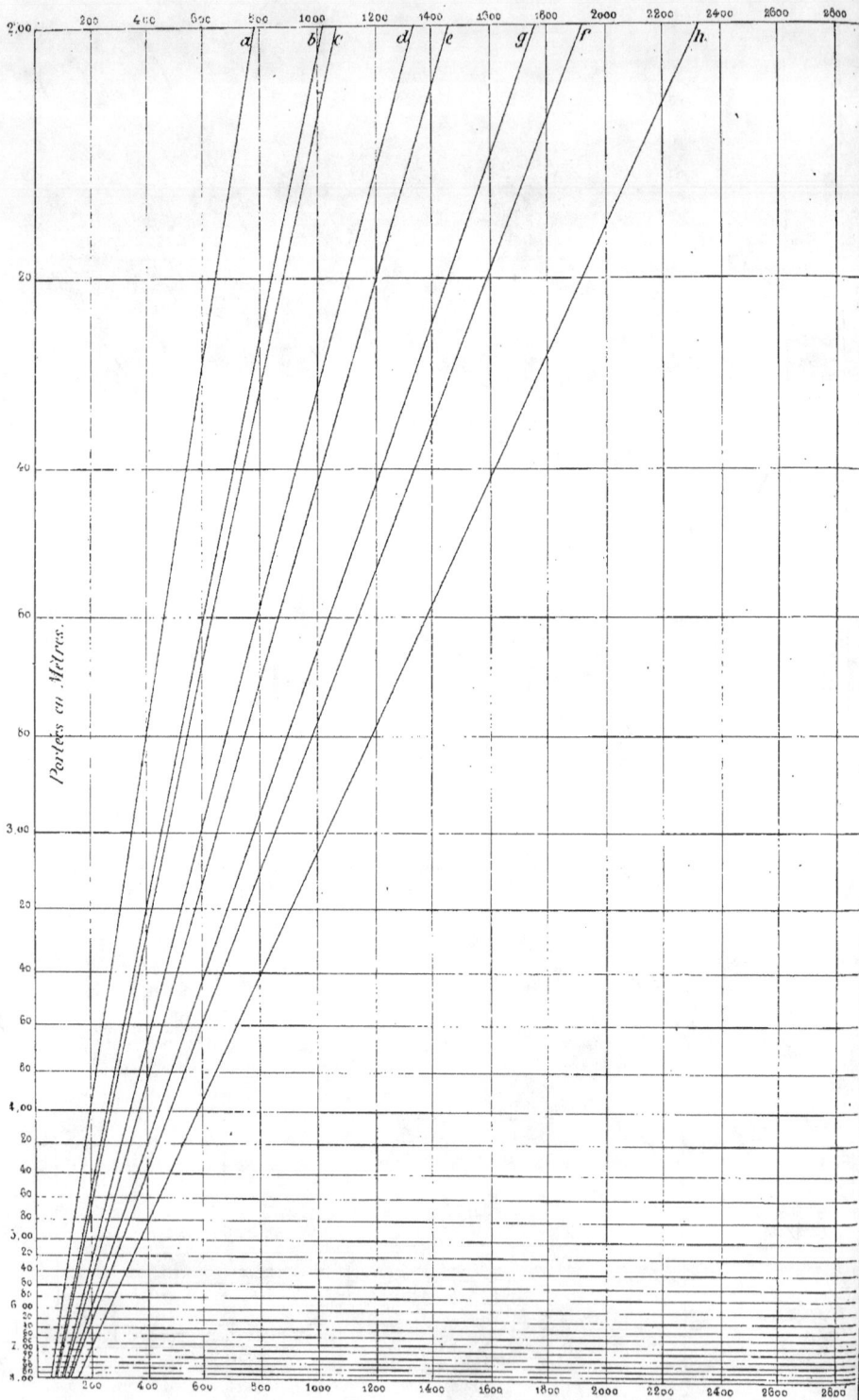

# FERS A DOUBLE T, AILES ORDINAIRES (Usines du Creuzot)

## Soumis à des charges uniformément réparties.

Portées en Mètres.

Charges par Mètre courant en Kilogr. R = 6<sup>K</sup>o par 1<sup>mm</sup>²

Pl. 17.

# FERS A DOUBLE T, AILES ORDINAIRES (*Usines de Chatillon et Commentry*)

## Soumis à des charges uniformément réparties

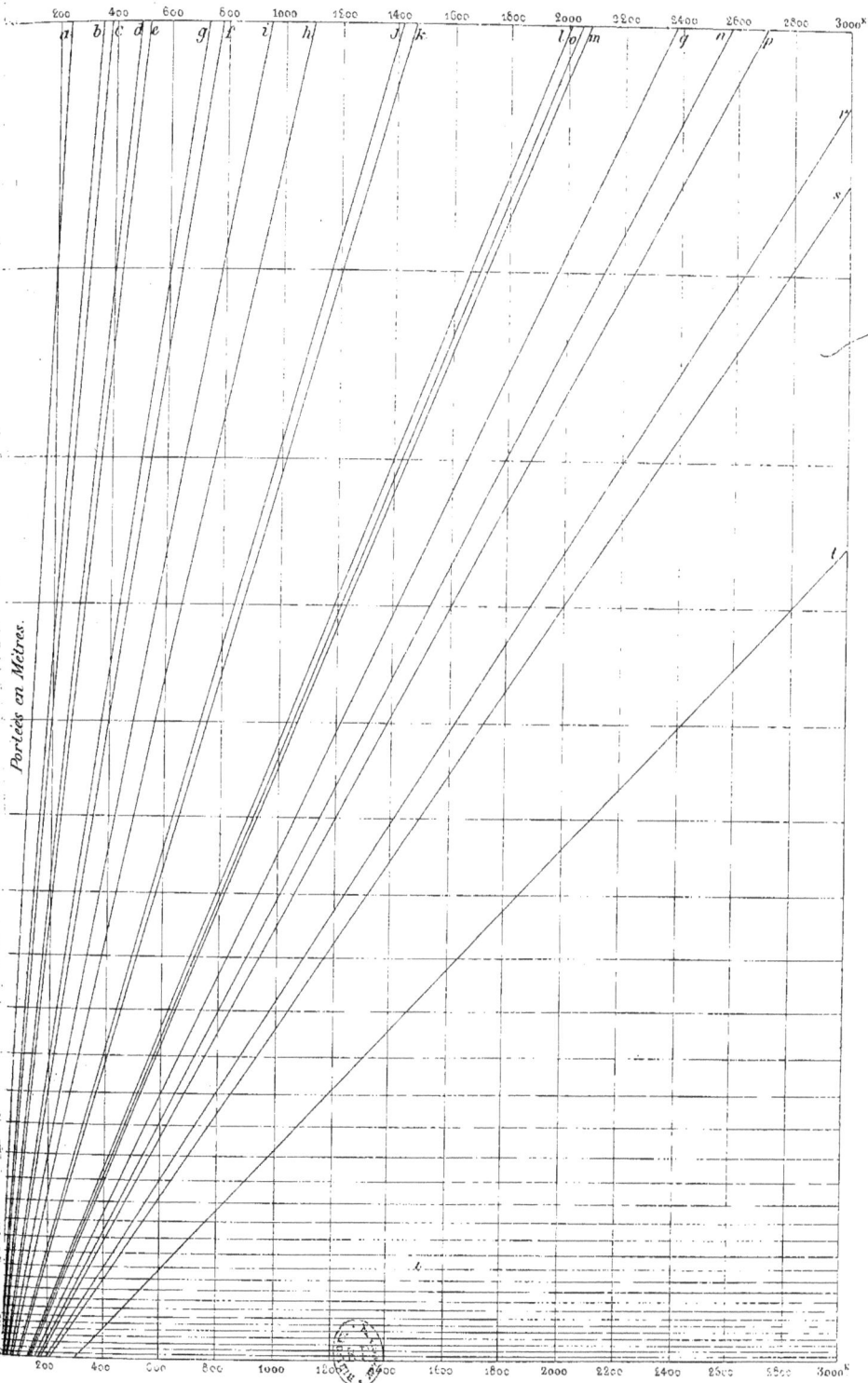

Portées en Mètres.

Charges par Mètre courant en Kilog. B. 6ᵏₒ par 1ᵐₘˡ

Soumis à des charges uniformément réparties.

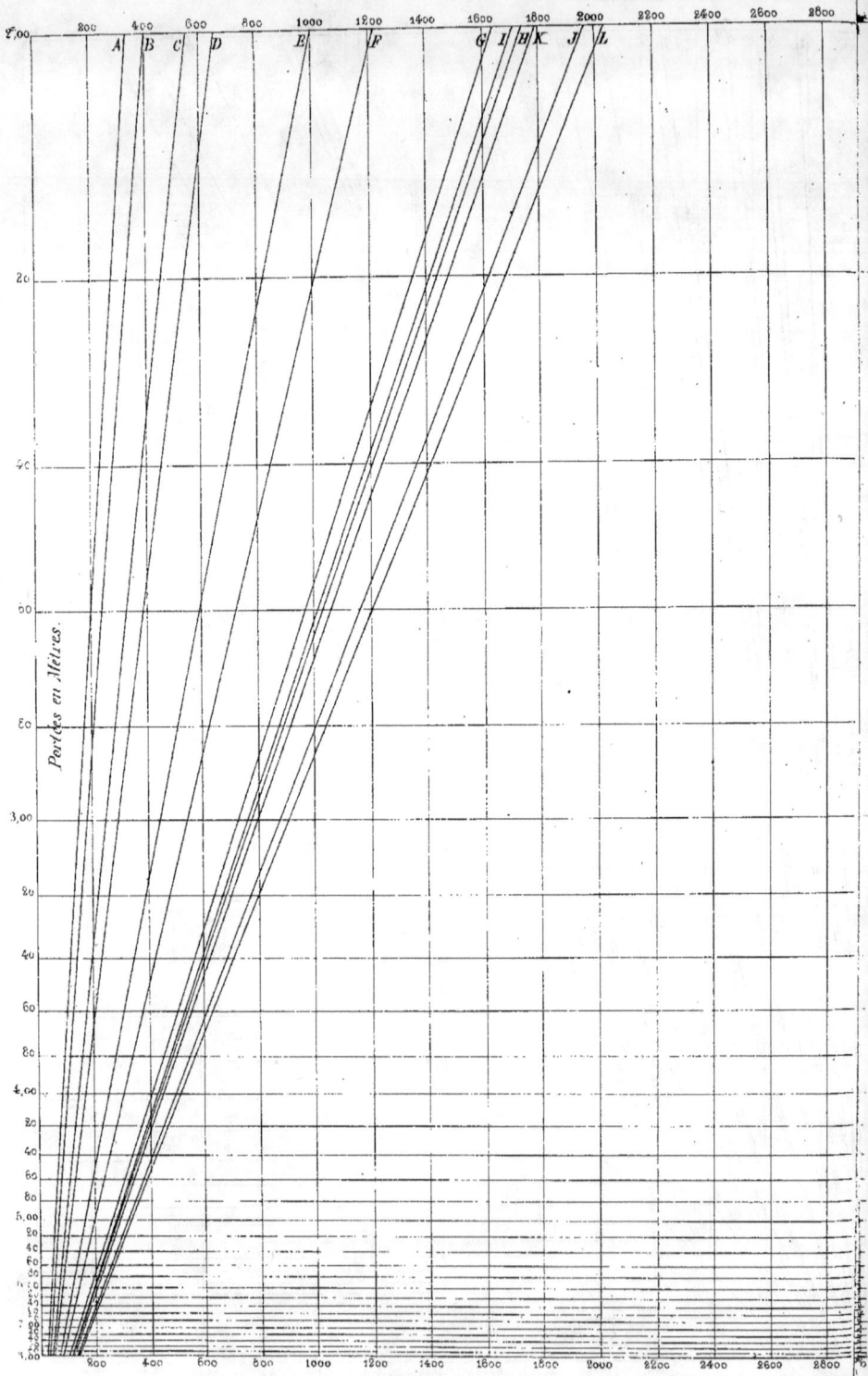

*Portées en Mètres.*

*Charges par Mètre courant en Kilogr. R = 6ᵏ0 par 1ᵐᵐ²*

J. Justin Storck

Soumis à des charges uniformément réparties

Portées en Mètres.

Charges par Mètre courant en Kilogr. R = 6ᵏ par 1ᵐᵐ²

Pl. 20.

# PROFILS DES FERS À DOUBLE T.

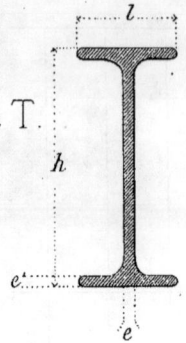

## CHATILLON ET COMMENTRY (Fers à ailes, ordinaires)

| N.os | h | e | l | e' | Poids | N.os | h | e | l | e' | Poids | N.os | h | e | l | e' | Poids |
|---|---|---|---|---|---|---|---|---|---|---|---|---|---|---|---|---|---|
| a | 80 | 3,5 | 40 | 7 | 6,50 | h | 140 | 13,5 | 54,5 | 8 | 21,30 | o | 200 | 8 | 60 | 12 | 23,0 |
| b | 80 | 10 | 46,5 | 8 | 7,50 | i | 160 | 6,5 | 48 | 7 | 13,00 | p | 200 | 16 | 63 | 12 | 37,5 |
| c | 100 | 5 | 43 | 7 | 8,25 | j | 160 | 16 | 57,5 | 8 | 26,70 | q | 220 | 8 | 64 | 11 | 25 0 |
| d | 100 | 10 | 48 | 7 | 12 45 | k | 180 | 7,5 | 55 | 10 | 20,00 | r | 220 | 16 | 72 | 13 | 40,0 |
| e | 120 | 5 | 48 | 6 | 9,50 | l | 180 | 16 | 63,5 | 10 | 31,00 | s | 260 | 10 | 69 | 18 | 31,5 |
| f | 120 | 12,5 | 52 5 | 7 | 17,00 | m | 180 | 8 | 70 | 12 | 22,00 | t | 280 | 20 | 79 | 13 | 50,0 |
| g | 140 | 6 | 47 | 7 | 12,50 | n | 180 | 16 | 78 | 12 | 33,00 | | | | | | |

## CHATILLON ET COMMENTRY (Fers à larges ailes, moyens)

| N.os | h | e | l | e' | Poids | N.os | h | e | l | e' | Poids | N.os | h | e | l | e' | Poids |
|---|---|---|---|---|---|---|---|---|---|---|---|---|---|---|---|---|---|
| A | 80 | 3,5 | 55 | 8 | 7,50 | E | 120 | 7 | 70 | 10 | 16,00 | I | 175 | 8 | 80 | 9 | 19,5 |
| B | 80 | 8,5 | 60 | 8 | 10,50 | F | 120 | 14 | 77 | 11 | 22,50 | J | 175 | 13 | 85 | 9 | 26 2 |
| C | 100 | 4 | 60 | 9 | 10,00 | G | 140 | 8 | 80 | 13 | 22,24 | K | 160 | 8 | 80 | 11 | 22,0 |
| D | 100 | 9 | 65 | 9 | 14 00 | H | 140 | 12 | 84 | 13 | 26,52 | L | 160 | 12 | 84 | 11 | 27,0 |

## CHATILLON ET COMMENTRY (Fers à larges ailes, forts)

| N.os | h | e | l | e' | Poids | N.os | h | e | l | e' | Poids | N.os | h | e | l | e' | Poids |
|---|---|---|---|---|---|---|---|---|---|---|---|---|---|---|---|---|---|
| A' | 160 | 10 | 120 | 13 | 35,00 | F' | 200 | 16 | 68 | 12 | 37,50 | K' | 235 | 10 | 95 | 10,5 | 35,0 |
| B' | 170 | 10 | 100 | 11 | 28,90 | G' | 200 | 10 | 110 | 13 | 38,00 | L' | 235 | 15 | 100 | 10,5 | 44 0 |
| C' | 170 | 15 | 105 | 11 | 35,00 | H' | 200 | 17 | 117 | 13 | 50,00 | M' | 248 | 10 | 127 | 15 | 46 8 |
| D' | 180 | 8 | 100 | 13 | 29,00 | I' | 220 | 9 | 95 | 14 | 33,50 | | | | | | |
| E' | 180 | 12 | 104 | 13 | 34,50 | J' | 220 | 14 | 100 | 14 | 40,50 | | | | | | |

Pl 21

# FERS À DOUBLE T, AILES ORDINAIRES *(Usines de Decazeville.)*

Soumis à des charges uniformement reparties

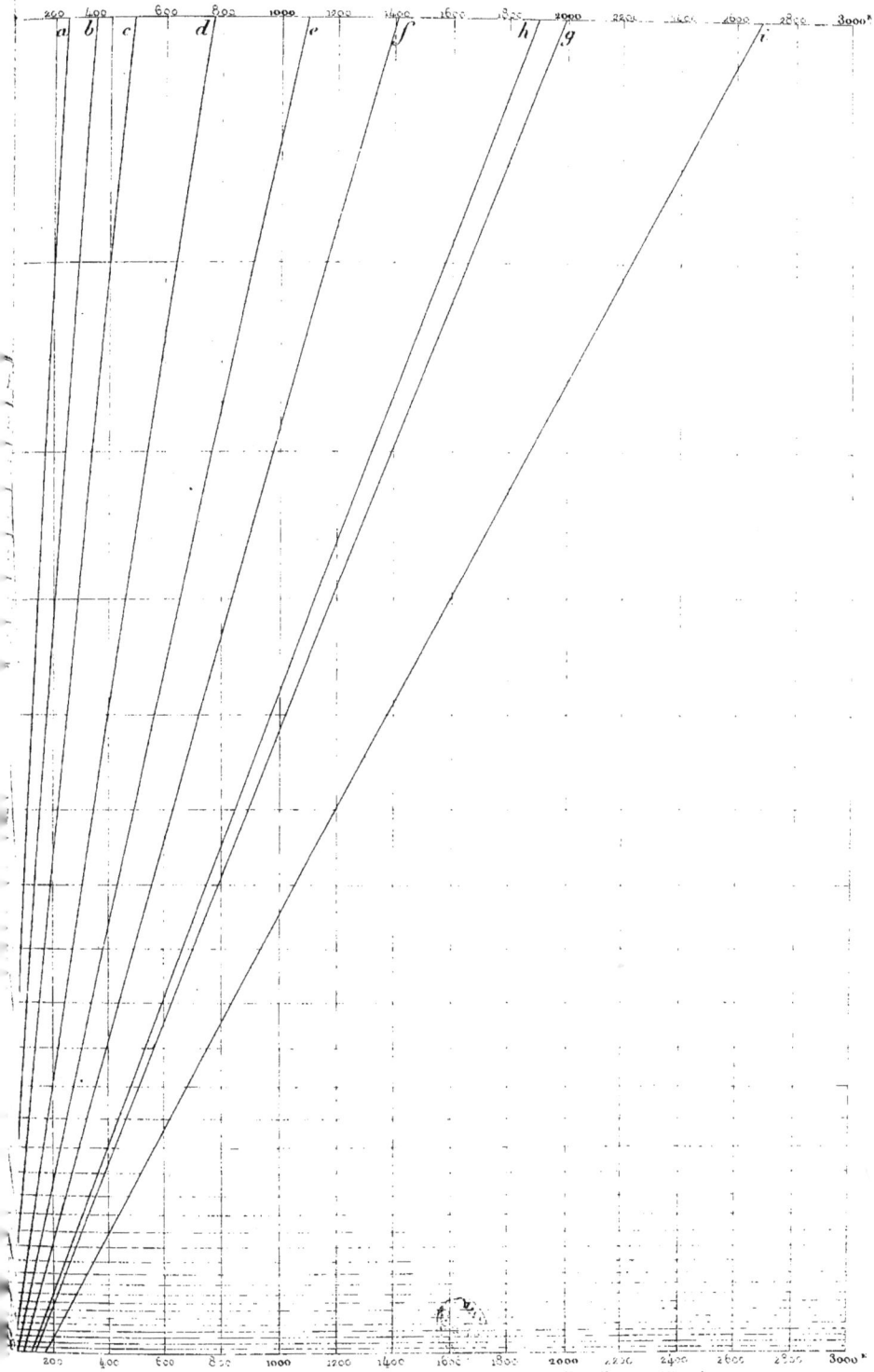

*Charges par Mètre courant en Kilogr. R. 6$^K$o par 1$^{mm\,c}$*

Pl. 42

# PROFILS DES FERS À DOUBLE T.

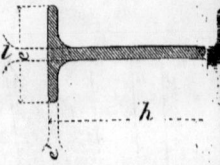

## DECAZEVILLE (Fers à ailes ordinaires)

| Nos | h | e | l | e' | Poids | Nos | h | e | l | e' | Poids | Nos | h | e | l | e' | Poids |
|---|---|---|---|---|---|---|---|---|---|---|---|---|---|---|---|---|---|
| a | 80 | 4 | 40 | 5 | 7.00 | e | 140 | 13.5 | 54.5 | 6.5 | 21.30 | i | 220 | 9.5 | 62 | 9.5 | 30 |
| b | 80 | 10 | 46.5 | 6 | 11.00 | f | 160 | 16 | 58 | 7 | 26.70 | j | 140 | 5.5 | 47 | 7 | 17 |
| c | 100 | 10 | 48 | 5 | 12.45 | g | 180 | 16 | 63 | 9 | 31.60 | k | 180 | 7 | 55 | 7 | 18 |
| d | 120 | 12.5 | 52.5 | 6 | 17.50 | h | 200 | 8.5 | 65 | 9.5 | 25.00 | l | 160 | 5.5 | 48 | 8 | 14 |

## PROVIDENCE (ailes ordinaires)

| Nos | h | e | l | e' | Poids | Nos | h | e | l | e' | Poids | Nos | h | e | l | e' | Poids |
|---|---|---|---|---|---|---|---|---|---|---|---|---|---|---|---|---|---|
| a | 80 | 3 | 41 | | 6.25 | i | 160 | 8 | 48 | 7 | 15.00 | q | 220 | 8 | 64 | 10 | 29 |
| b | 80 | 7 | 45 | | 9.07 | j | 160 | 12 | 53 | 8 | 25.00 | r | 270 | 16 | 71 | 10 | 40 |
| c | 100 | 5 | 43 | 6 | 9.00 | k | 180 | 3 | 55 | 9 | 20.00 | s | 270 | 12 | 70 | 15 | 40 |
| d | 100 | 7 | 45 | 6 | 12.00 | l | 180 | 5 | 62 | 9 | 30.00 | t | 270 | 16 | 74 | 15 | 40 |
| e | 120 | 5 | 45 | 6 | 11.00 | m | 200 | 9 | 62 | " | 22.00 | u | 268 | 13 | 74 | " | 42 |
| f | 120 | 3 | 50 | 7 | 15.00 | n | 200 | 12 | 65 | " | 30.00 | v | 266 | 15 | 79 | " | 48 |
| g | 140 | 6 | 47 | 7 | 14.00 | o | 200 | 8 | 62 | " | 21.00 | x | 264 | 18 | 84 | " | 62 |
| h | 140 | 12 | 53 | 7 | 20.00 | p | 200 | 16 | 70 | " | 35.00 | | | | | | |

## PROVIDENCE (larges ailes)

| Nos | h | e | l | e' | Poids | Nos | h | e | l | e' | Poids | Nos | h | e | l | e' | Poids |
|---|---|---|---|---|---|---|---|---|---|---|---|---|---|---|---|---|---|
| A | 120 | 9 | 75 | | 20.00 | J | 98 | 20 | 98 | 30 | 50.00 | S | 250 | 18 | 122 | " | 62 |
| B | 120 | 16 | 82 | | 27.00 | K | 200 | 10 | 110 | " | 38.00 | T | 260 | 12 | 130 | 13 | 52 |
| C | 140 | 8 | 76 | 10 | 20.00 | L | 200 | 17 | 117 | " | 50.00 | U | 260 | 20 | 138 | 13 | 68 |
| D | 140 | 12 | 80 | 10 | 24.00 | M | 200 | 11 | 133 | " | 42.00 | V | 300 | 12 | 120 | 14 | 65 |
| E | 153 | 15 | 76 | | 33.20 | N | 198 | 15 | 133 | " | 50.00 | X | 300 | 20 | 128 | 15 | 85 |
| F | 160 | 8 | 80 | 11 | 22.00 | O | 202 | 12 | 103 | " | 50.00 | Y | 350 | 15 | 140 | " | 80 |
| G | 160 | 12 | 84 | 11 | 27.00 | P | 205 | 10 | 100 | " | 42.00 | Z | 400 | 14 | 142 | 20 | 90 |
| H | 180 | 9 | 100 | 9 | 31.00 | Q | 235 | 11 | 95 | " | 35.00 | | | | | | |
| I | 200 | 10 | 100 | | 31.00 | R | 250 | 11 | 115 | " | 45.00 | | | | | | |

# FERS A DOUBLE T, AILES ORDINAIRES *(Usines de la Providence)*

Soumis à des charges uniformément réparties

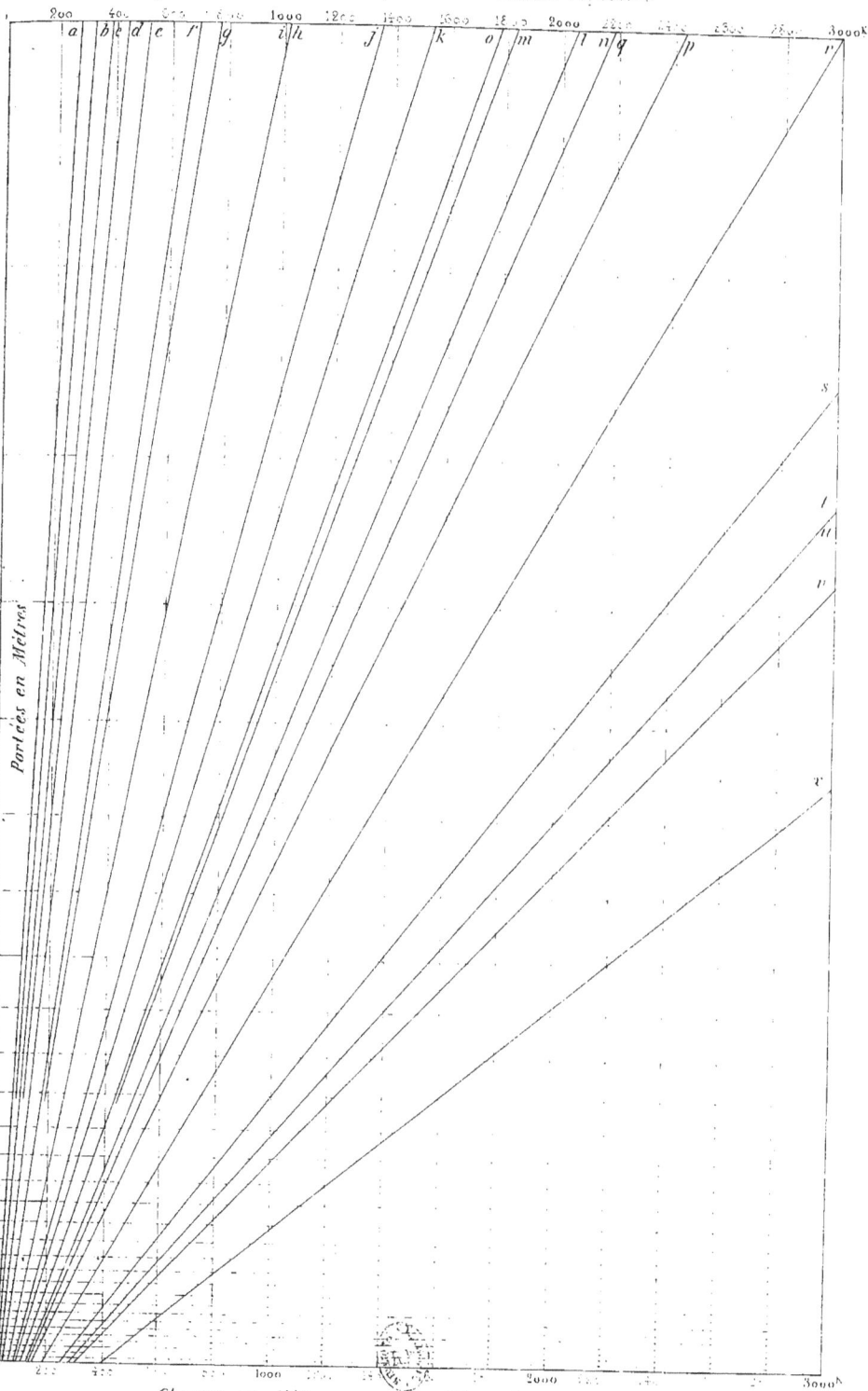

Portées en Mètres

Charges par Mètre courant en kilogr. R = 6ᵏ0 par 1ᵐᵐ²

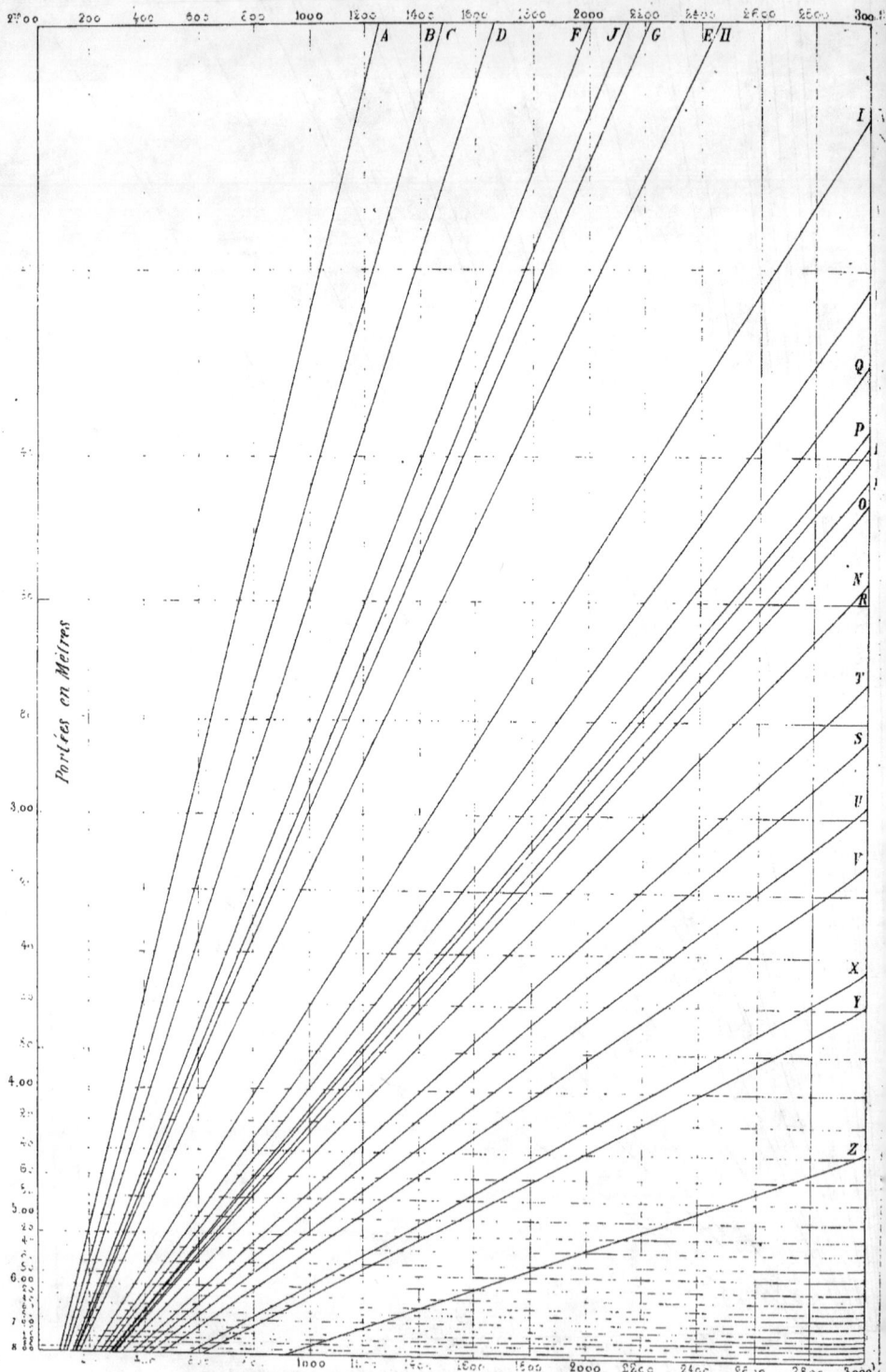

# FERS A DOUBLE T. LARGES AILES *(Usines de la Providence)*

Soumis à des charges uniformément réparties

*Charges par Mètre courant en Kilogr. R = 6ᵏ0. par 1ᵐᵐ2*

*Portées en Mètres*

J. Justin Storck, sc.

Pl. 25

Fig. 1 § 22

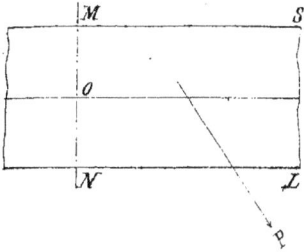

Fig. 2 § 29

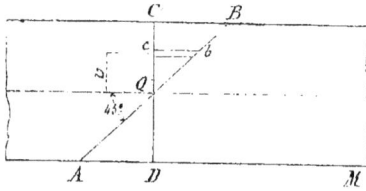

Fig. 3 § 29

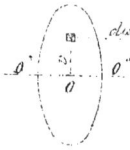

Fig. 4 § 30.

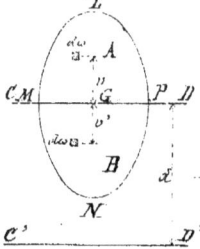

Fig. 5 § 31.

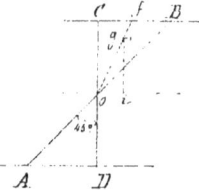

Fig. 6 § 31

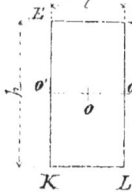

Fig. 7 § 33

Fig. 8 § 34

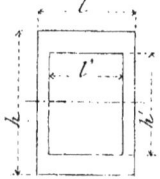

Fig. 9 § 34

Fig. 10 § 35

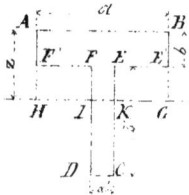

Fig. 11 § 36

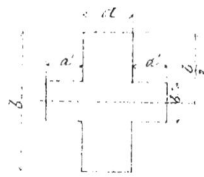

Fig. 12 § 37

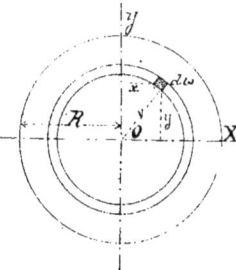

Fig. 13 § 38

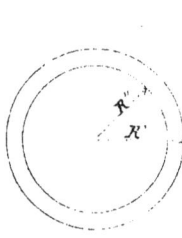

Fig. 14 § 39

Fig. 15 § 40

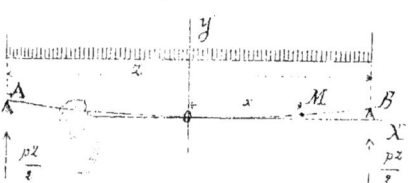

Pl 30

Polygone des tensions
Fig 17 § 51

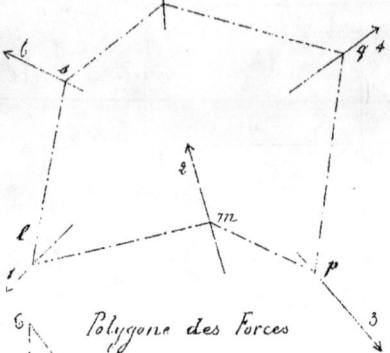

pa

Fig 16 § 19

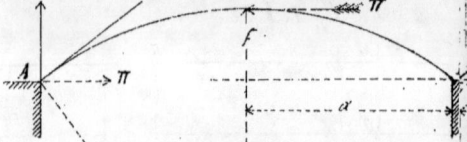

Polygone des Forces
Fig 18 § 51

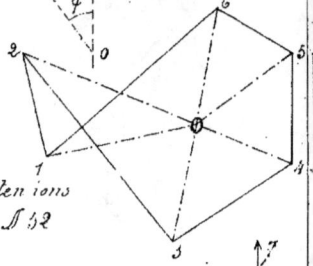

Polygone des Forces
Fig 19 § 52

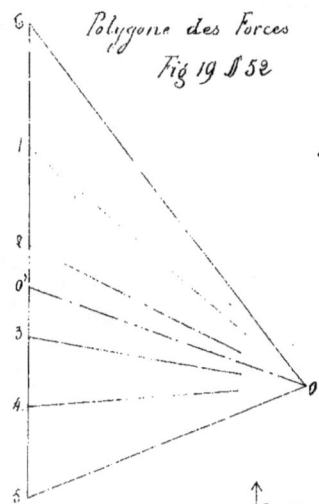

Polygone des tensions
Fig 20 § 52

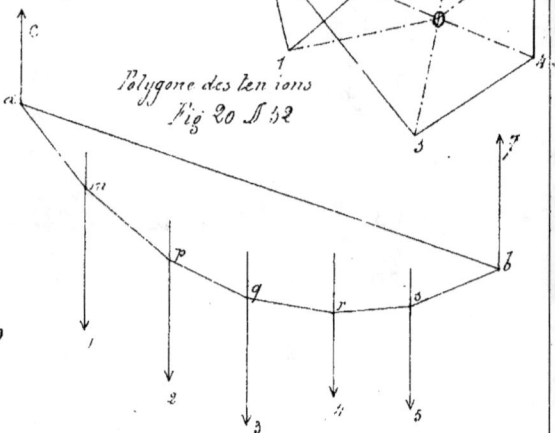

Polygone des tensions ou des moments fléchissants
Fig 22 § 54

Polygone des Forces
Fig 21 § 54

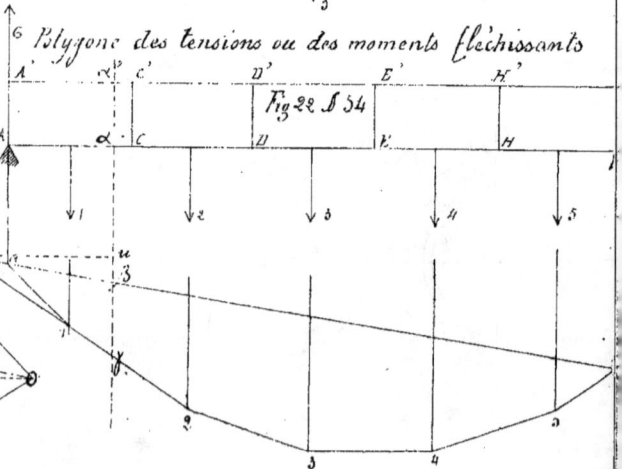

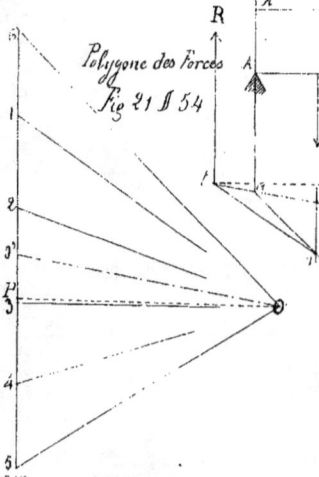

Pl. 27

Polygone des forces
Fig 23 § 55

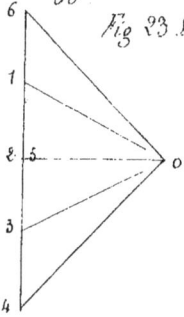

Polygone des tensions ou des moments fléchissants
Fig 24 § 55.

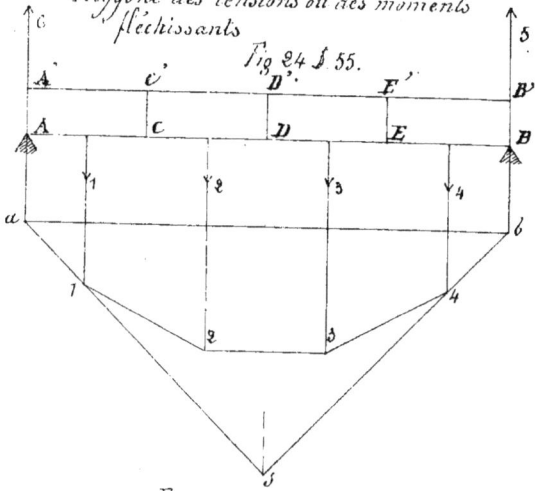

Polygone des forces
Fig 25 § 55

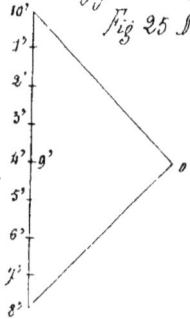

Polygone des moments
Fig 26 § 55

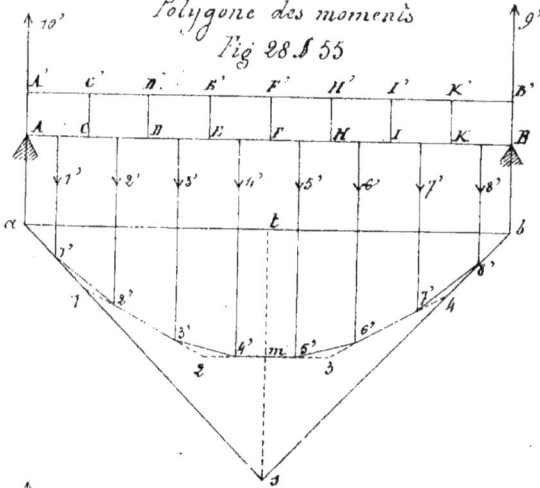

Polygone des forces
Fig 27 § 56

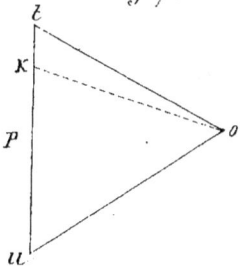

Polygone des moments
Fig 28 § 56

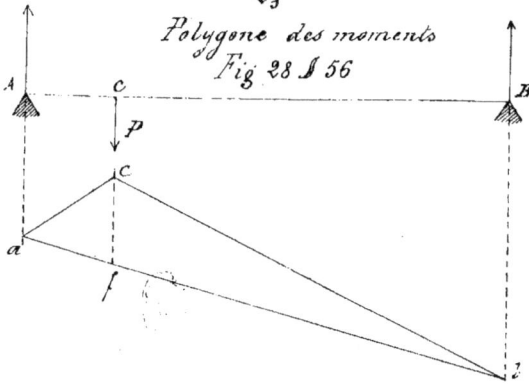

Pl. 2

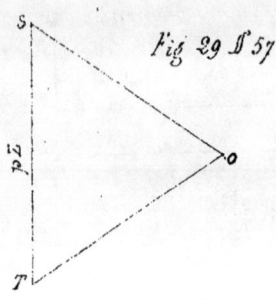

*Fig 29 § 57*

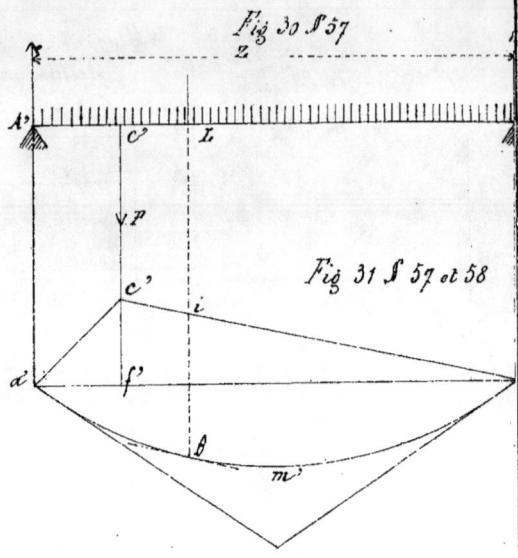

*Fig 30 § 57*

*Fig 31 § 57 et 58*

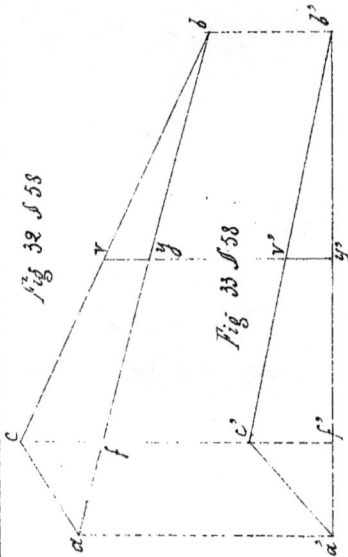

*Fig 32 § 58*

*Fig 33 § 58*

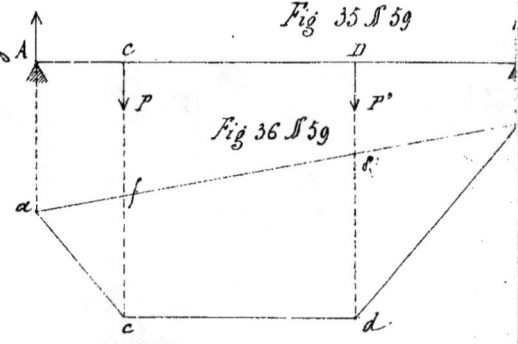

*Fig 35 § 59*

*Fig 36 § 59*

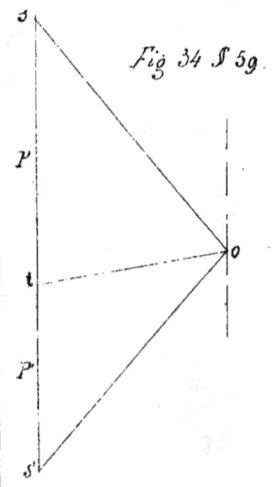

*Fig 34 § 59*

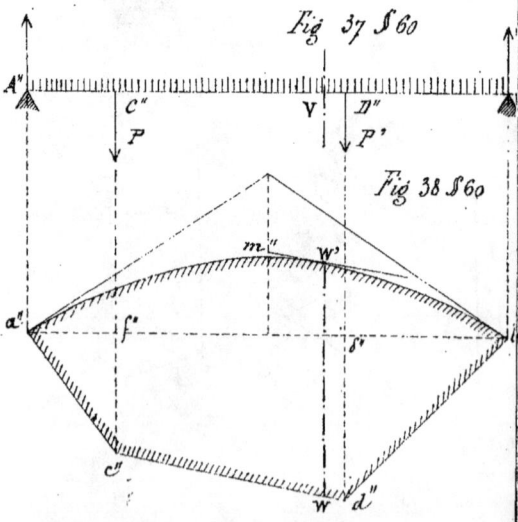
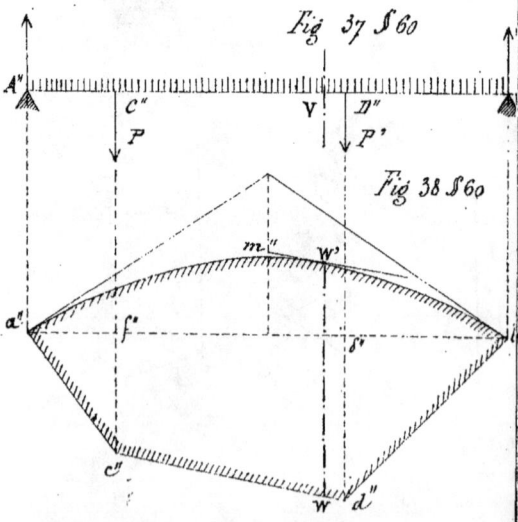
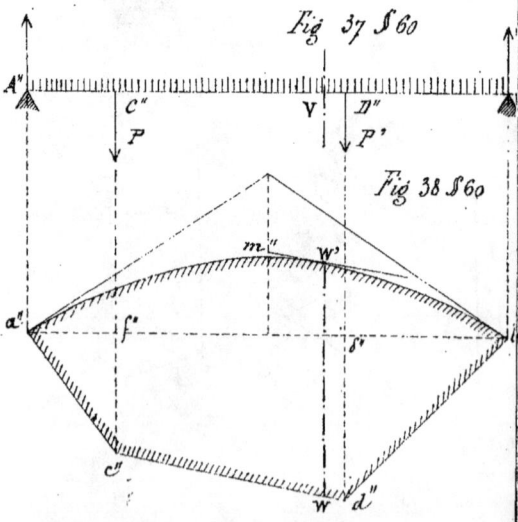
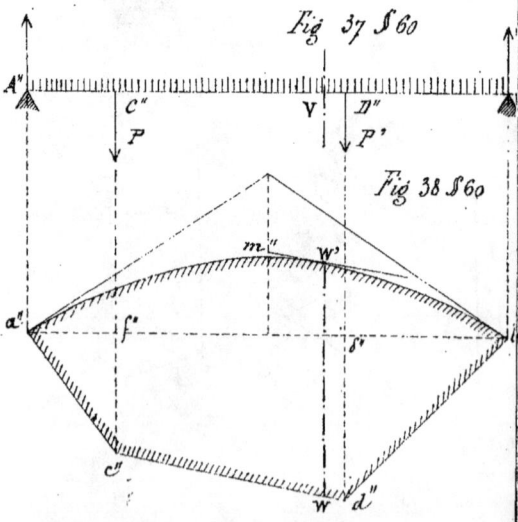

*Fig 37 § 60*

*Fig 38 § 60*

Pl. 29.

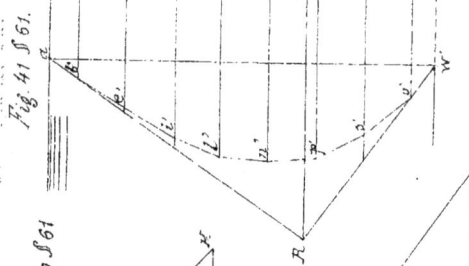

Fig 39 § 61.

Fig 41 § 61.

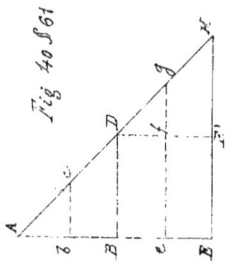

Fig 40 § 61

Fig 42 § 61

Fig 43 § 62

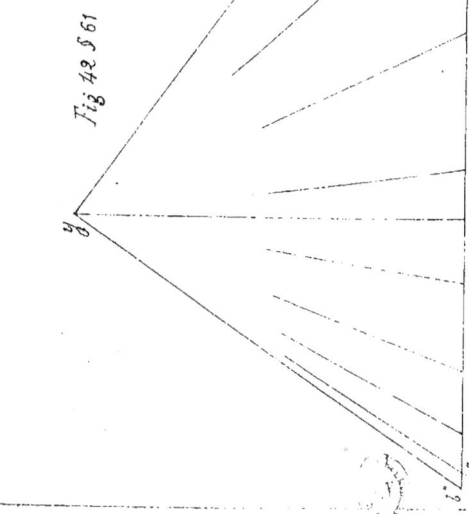

Fig 44 § 62

Fig 45 § 62

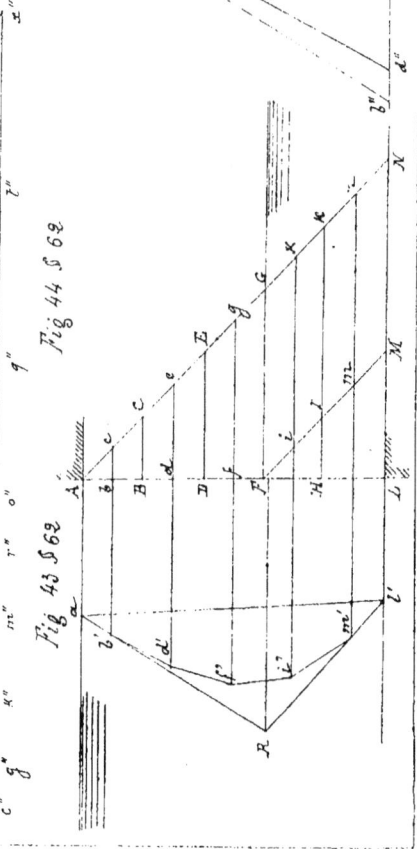

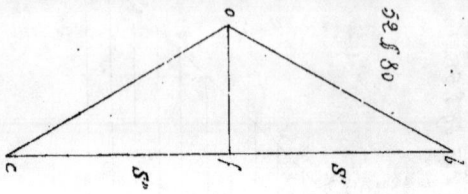

Fig. 52 § 80

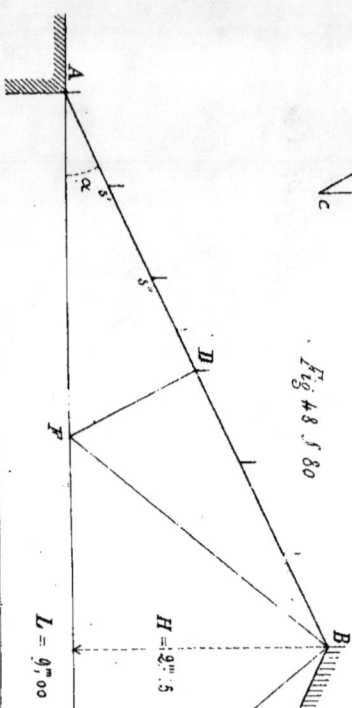

Fig. 48 § 80

$L = 9^m,00$

$H = 2^m.5$

Fig. 49 § 72

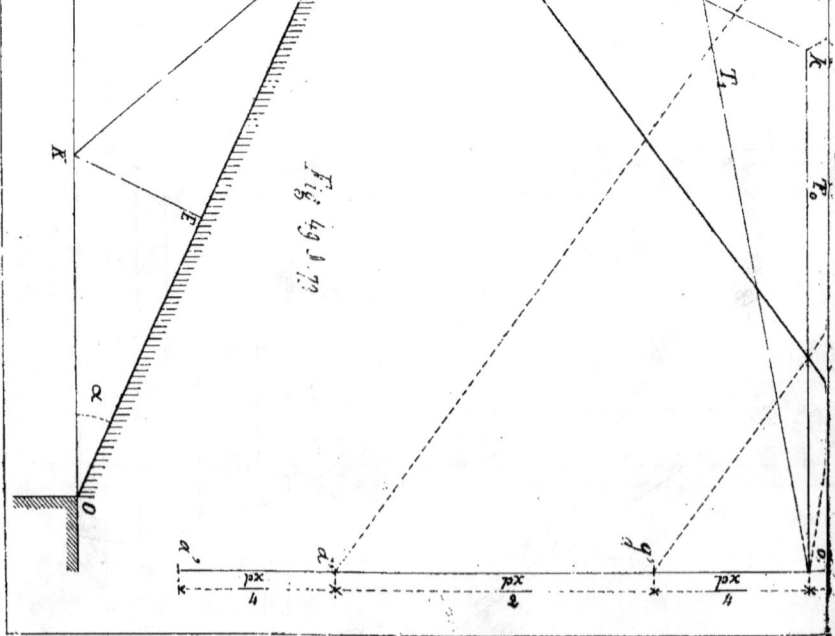

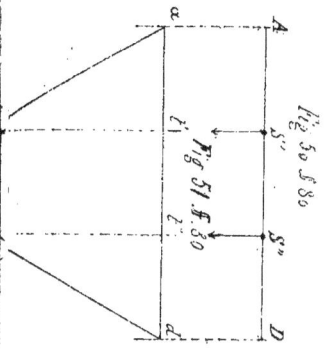

Fig 51 f. 30

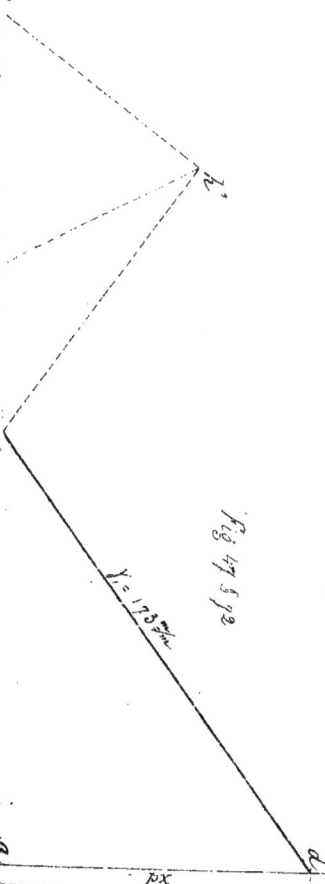

Fig 47 s ji 2

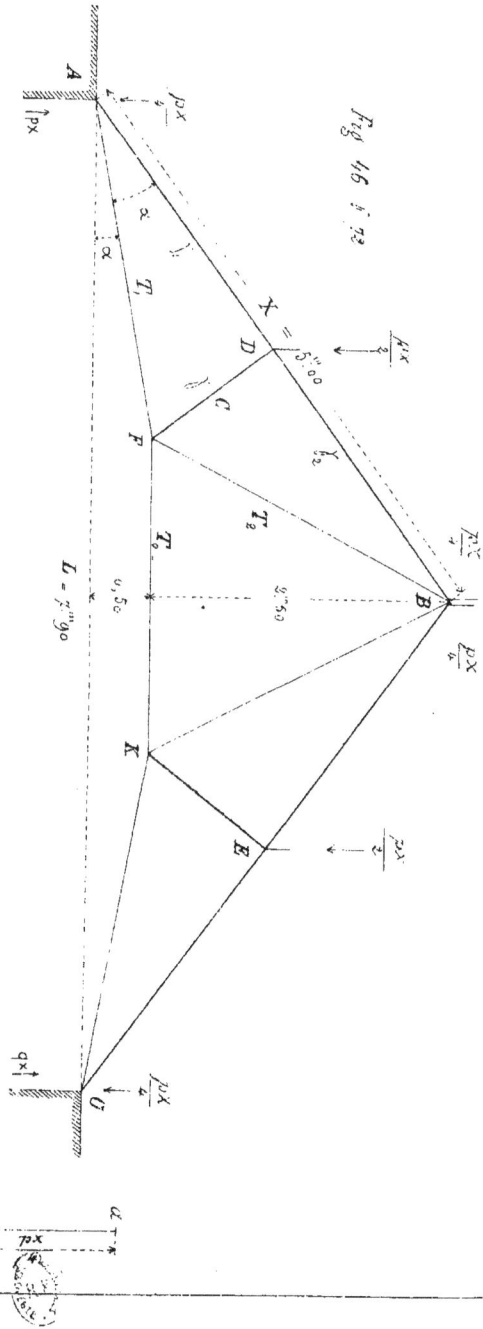

Fig 46 j 43

Pl. 39

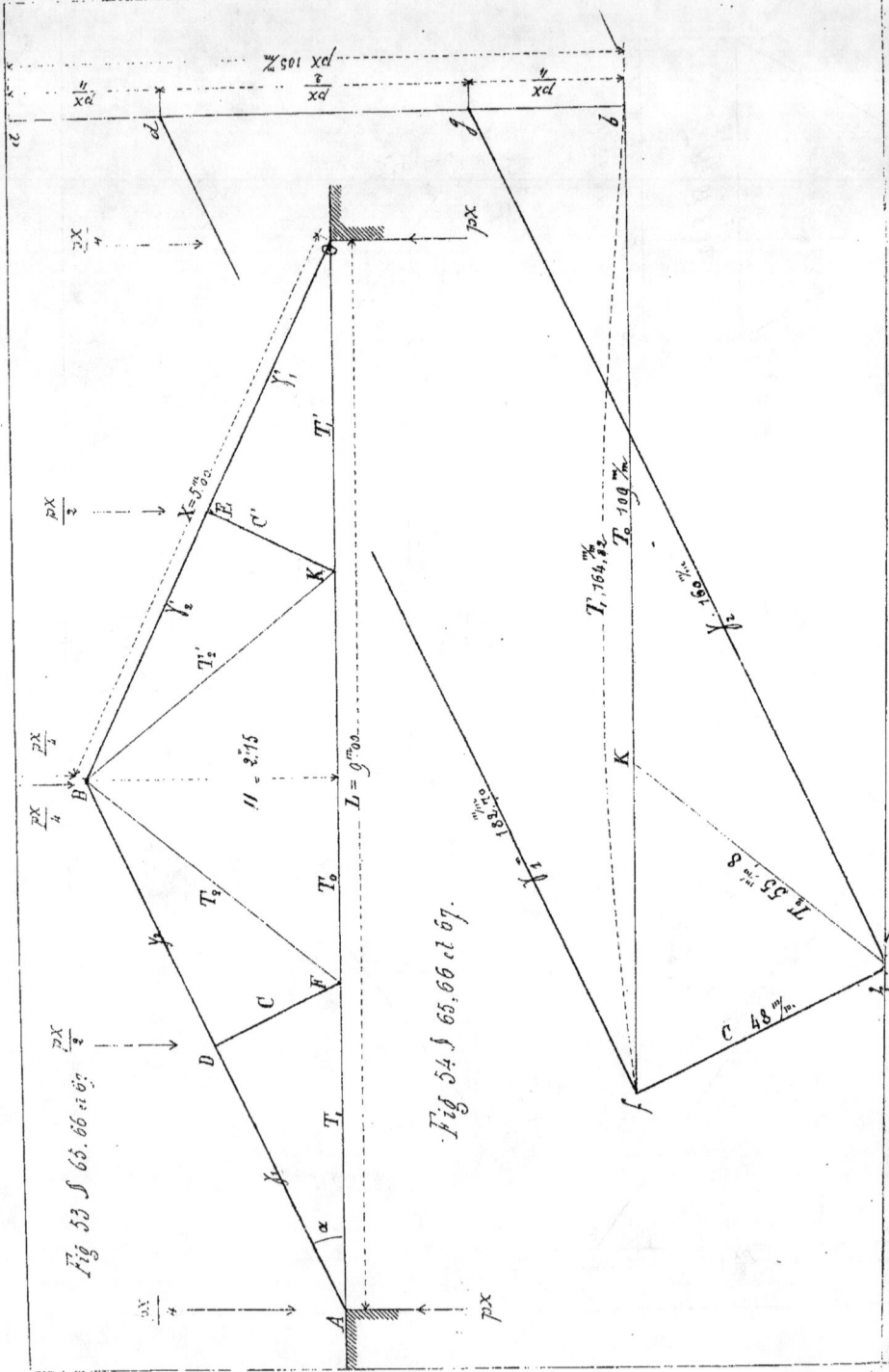

Fig 53 § 65. 66 et 67.

Fig 54 § 65. 66 et 67.

Pl. 33.

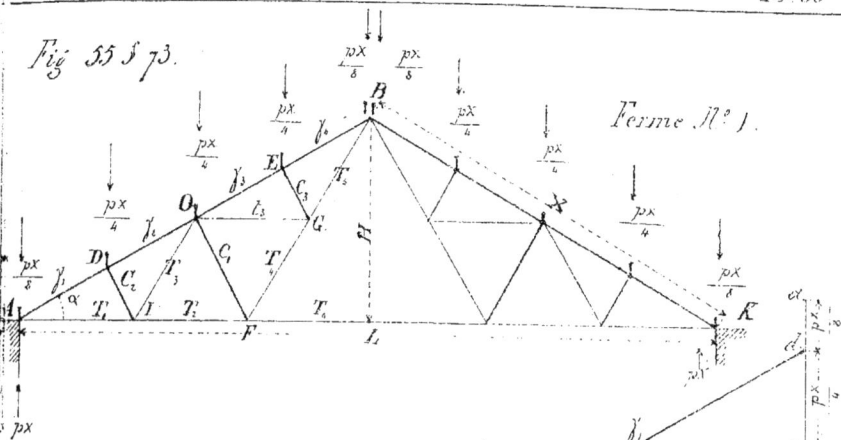

*Fig 55 § 73.*

*Ferme N° 1.*

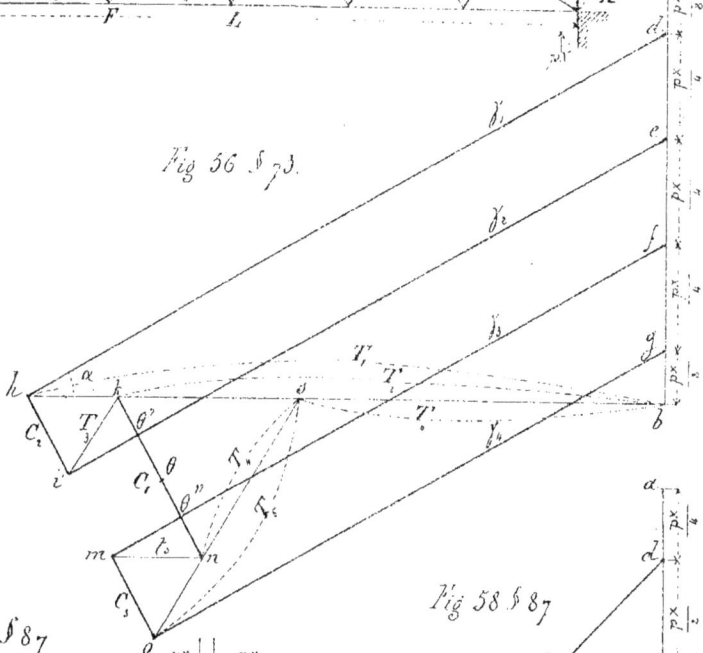

*Fig 56 § 73.*

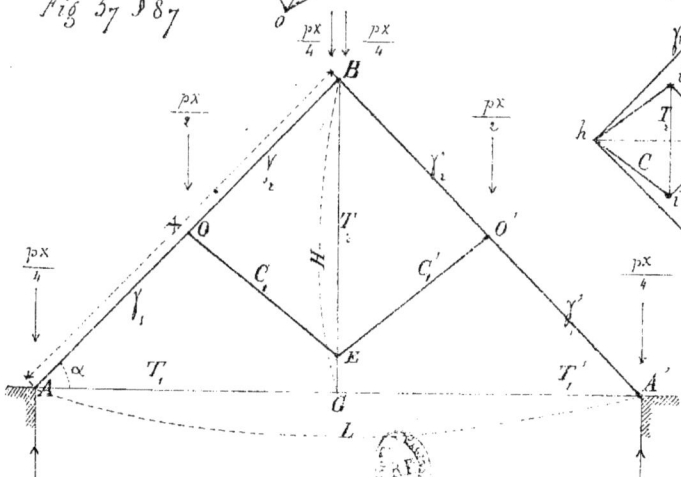

*Fig 57 § 87*

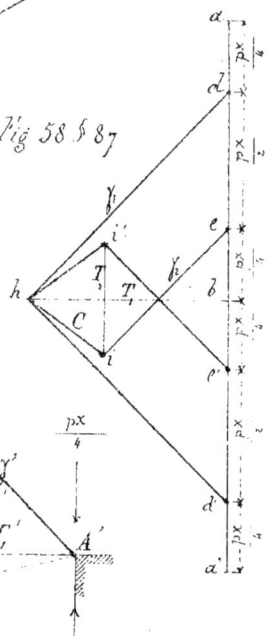

*Fig 58 § 87*

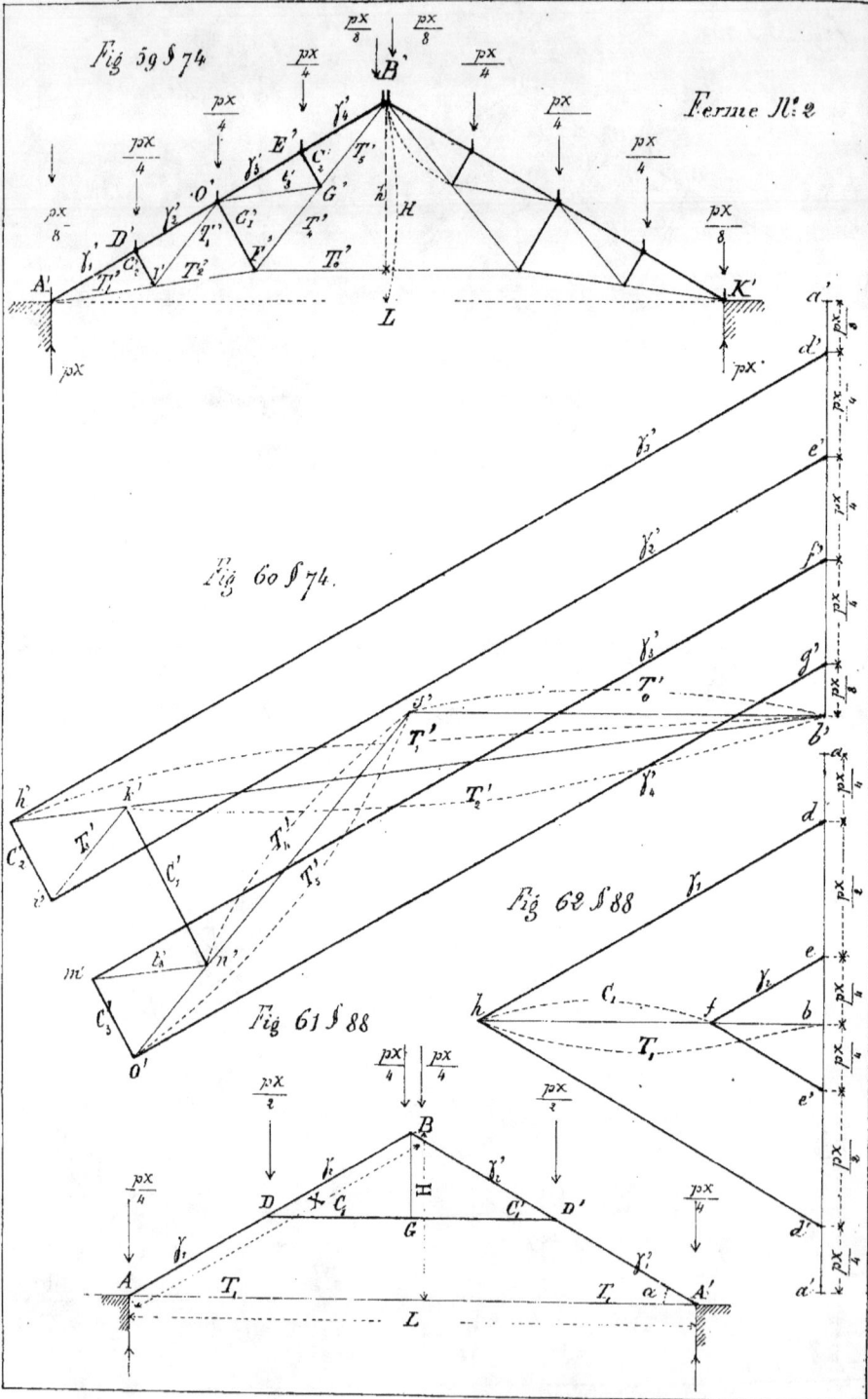

Pl. 34.

Fig 59 § 74

$\frac{px}{8}$  $\frac{px}{8}$

$\frac{px}{4}$

$\frac{px}{4}$  $B'$  $\frac{px}{4}$

Ferme N.º 2

$\frac{px}{4}$  $\frac{px}{4}$

$\frac{px}{8}$  $\frac{px}{8}$

$px$  $px$

Fig 60 § 74

Fig 62 § 88

Fig 61 § 88

$\frac{px}{2}$  $\frac{px}{4}$  $\frac{px}{4}$  $\frac{px}{2}$

$\frac{px}{4}$  $B$

$\frac{px}{4}$

$L$

Pl. 35.

Fig 63 § 75 — Ferme N° 3.

Fig 64 § 75

Fig 65 § 89

Fig 66 § 89

Pl 36

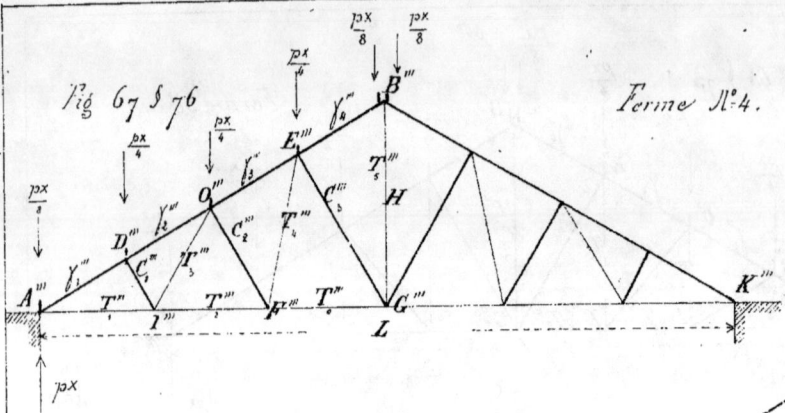

Fig 67 § 76

Forme N:4.

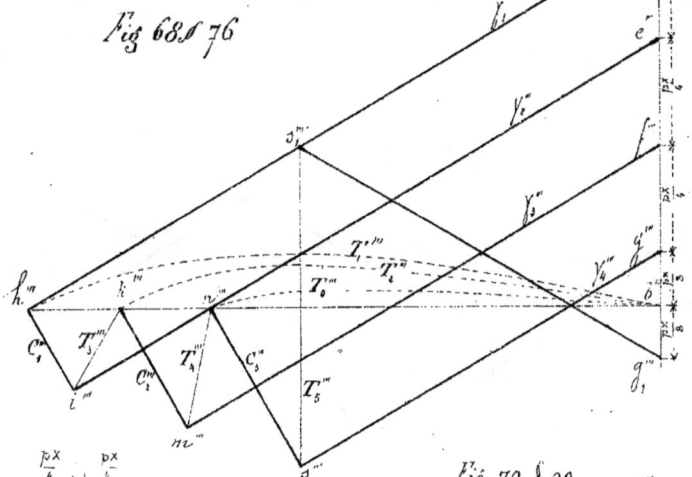

Fig 68 § 76

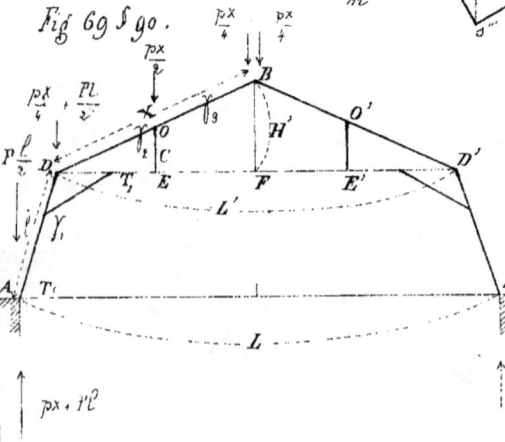

Fig 69 § 90.

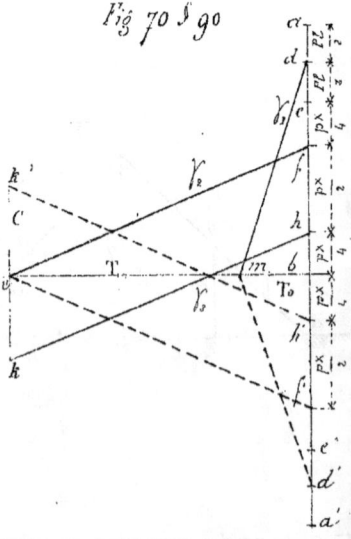

Fig 70 § 90

$\frac{Pl}{2} + \frac{pX}{4}$

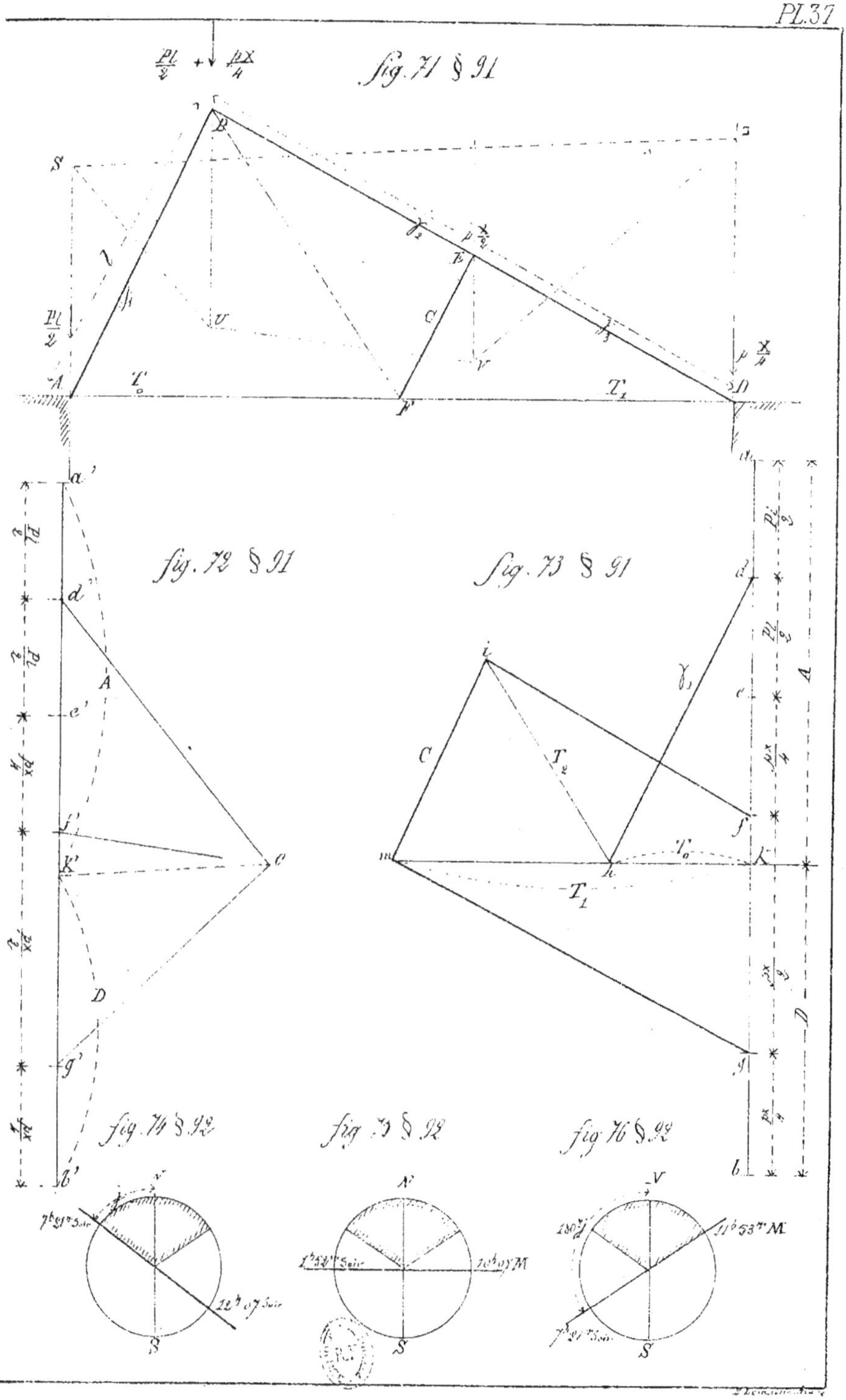

*fig. 71 § 91*

$\frac{Pl}{2}$

*fig. 72 § 91*

*fig. 73 § 91*

*fig. 74 § 92*

*fig. 75 § 92*

*fig. 76 § 92*

Lille
$\lambda=50^\circ-33'-44''$
$j=51^\circ-06'-56''$

Paris
$\lambda=48^\circ-50'-14''$
$j=58^\circ-47'-13''$

Orléans.
$\lambda=47^\circ-54'-49''$
$j=53^\circ-34'-49''$

Solstice d'été.

Équinoxes

Solstice d'hiver

7ʰ57ᵐSoir · N · j → · 11ʰ41ᵐMatin · S
7ʰ44ᵐSoir · N · j → · 11ʰ49ᵐM. · S
7ʰ57ᵐSoir · N · j → · 11ʰ53ᵐM. · S

2ʰ51ᵐSoir · N · j → · 9ʰ09ᵐM. · S
8ʰ11ᵐSoir · N · j → · 9ʰ26ᵐM. · S
8ʰ23ᵐSoir · N · j → · 9ʰ37ᵐM · S

12ʰ19ᵐSoir · N · j → · (130°j) · 7ʰ47ᵐSoir · S
18ʰ11ᵐSoir · N · j → · 130°j · 7ʰ44ᵐSoir · S
12ʰ47ᵐSoir · N · j → · 130°j · 7ʰ37ᵐSoir · S

6ʰ00Soir · N · j → · 9ʰ55ᵐM · S
6ʰSoir · N · j → · 9ʰ55ᵐM · S
6ʰSoir · N · j → · 9ʰ55ᵐM · S

6ʰSoir · N · 6ʰM · S
6ʰSoir · N · 6ʰM · S
6ʰSoir · N · 6ʰM · S

180°j · N · 2ʰ05ᵐSoir · 6ʰSoir · S
130°j · N · 2ʰ05ᵐSoir · 6ʰSoir · S
130°j · N · 2ʰ05ᵐSoir · 6ʰSoir · S

180°j · N · 4ʰ03ᵐSoir · 7ʰ57ᵐM. · S
180°j · N · 4ʰ16ᵐSoir · 7ʰ44ᵐM. · S
180°j · N · 4ʰ23ᵐSoir · 7ʰ37ᵐM · S

E. Lemaire, Autog.

Nevers
$\lambda = 46^\circ - 59' - 15''$
$j = 56^\circ - 17'$

Lyon
$\lambda = 45^\circ - 45' - 45''$
$j = 55^\circ - 12' - 30''$

Bordeaux
$\lambda = 44^\circ - 50' - 10''$
$j = 55^\circ - 30' - 59''$

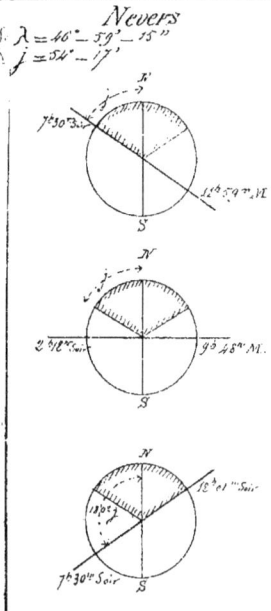

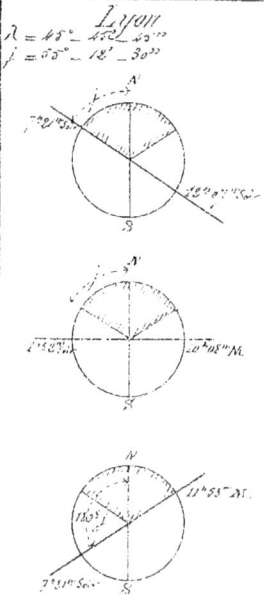

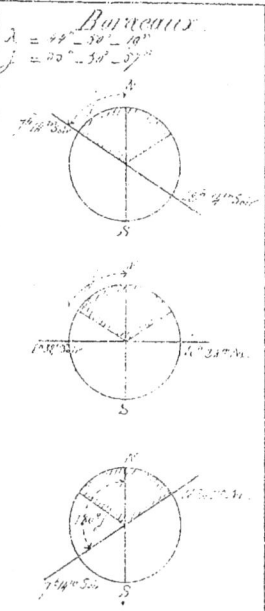

Solstice d'été

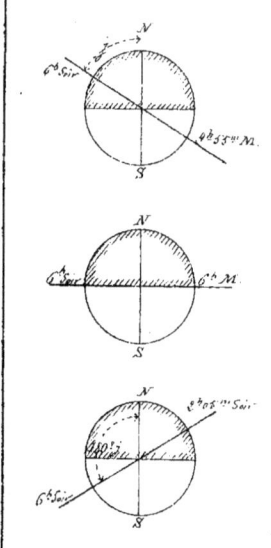

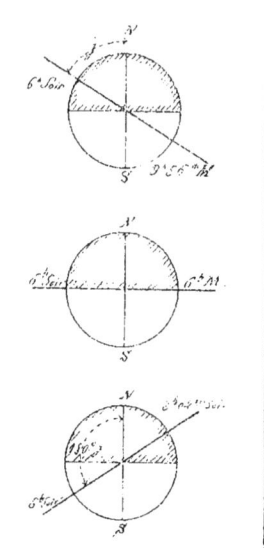

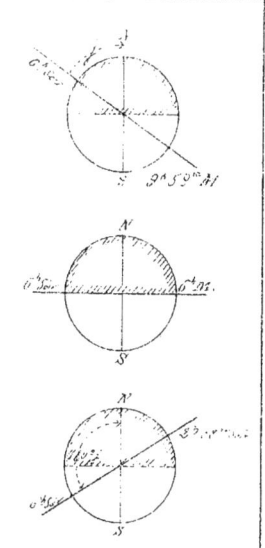

Équinoxes

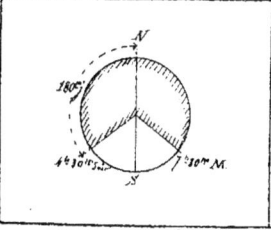

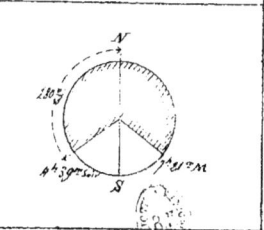

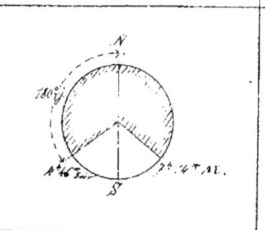

Solstice d'hiver

P. Lemoine, Sculp.

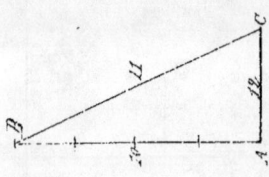

Fig 79 § 93

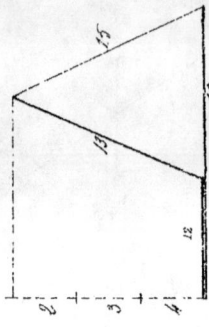

Fig 81 § 93

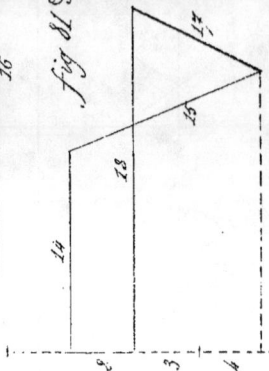

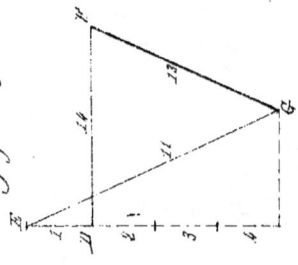

Fig 80 § 93

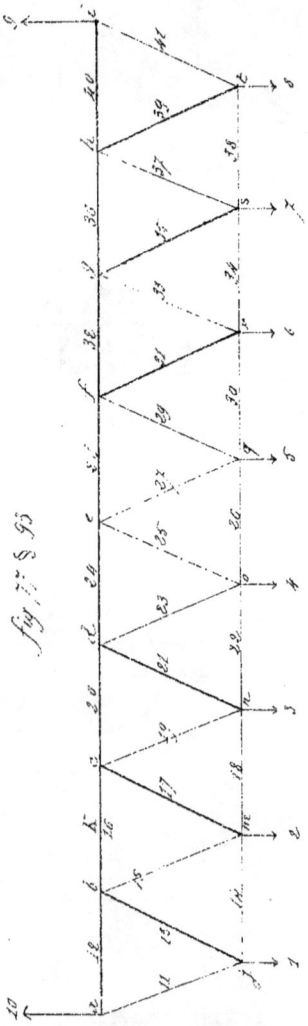

Fig 77 § 93

Fig 82 § 93

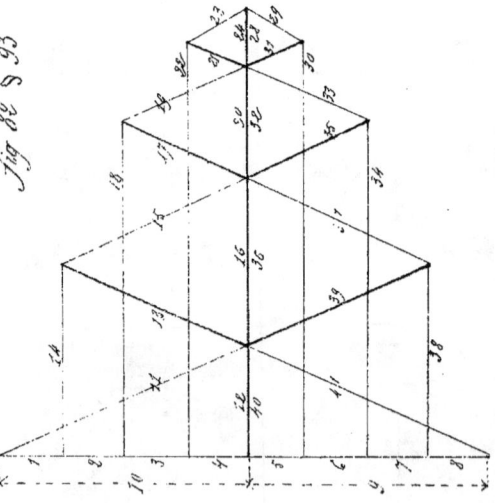

Fig. 87 § 96

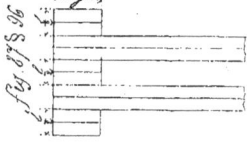

Fig. 86 § 95

Fig. 88 § 97

Fig. 90 § 126

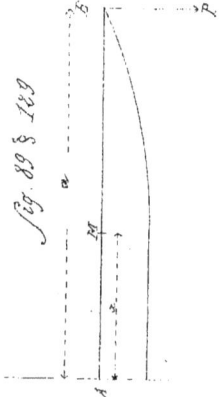

Fig. 89 § 129

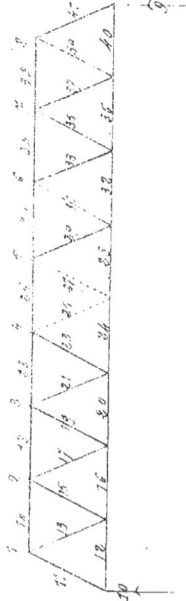

Fig. 83 § 94

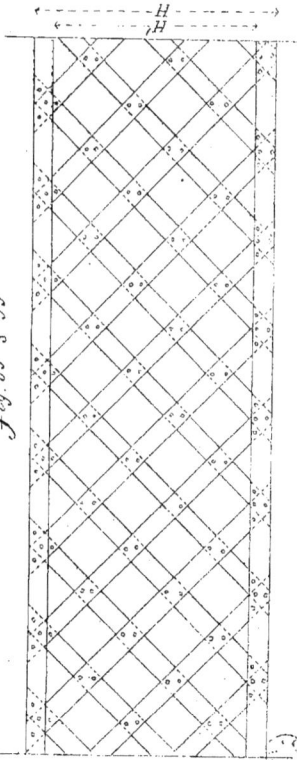

Fig. 85 § 95

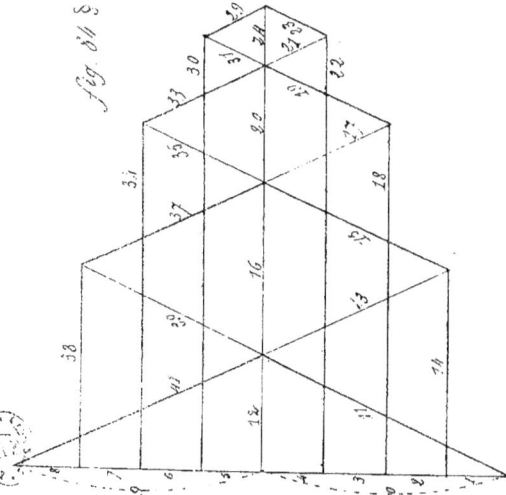

Fig. 84 § 94

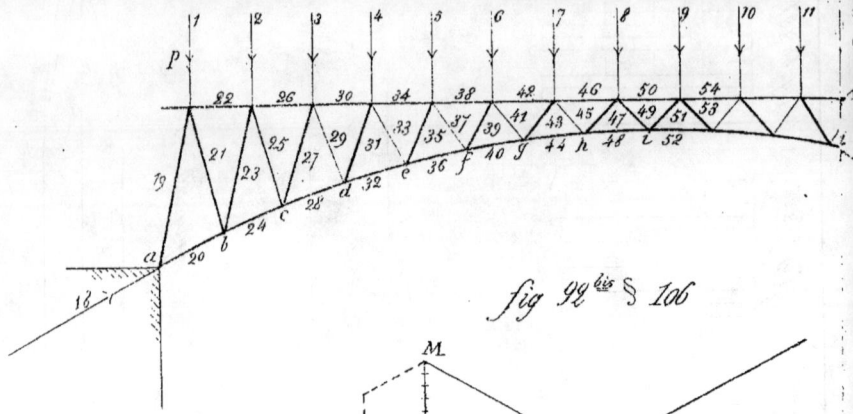

p = 2000 Kilogrammes.

fig. 91 § 105.

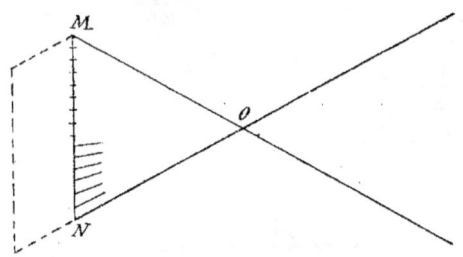

fig. 92 bis § 106

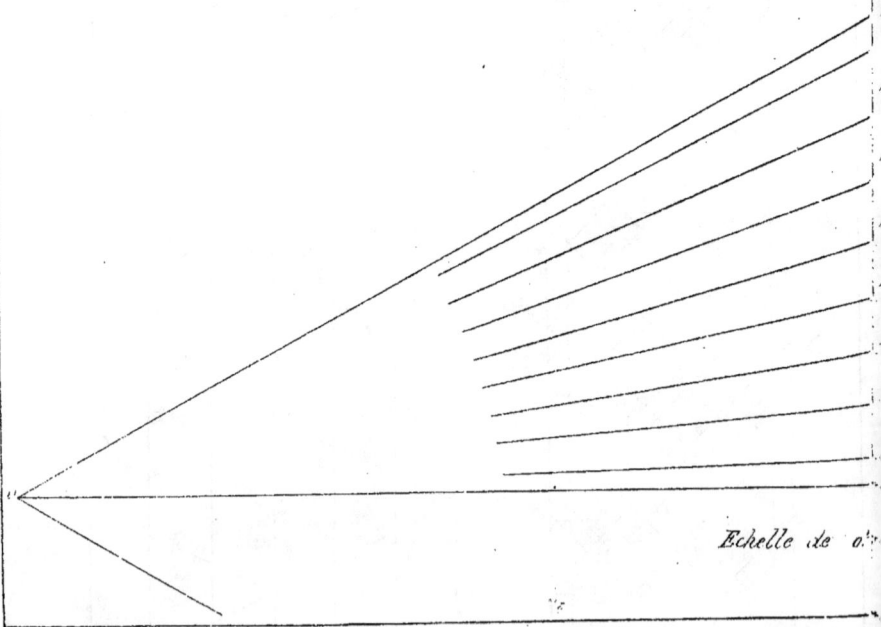

Echelle de 0.

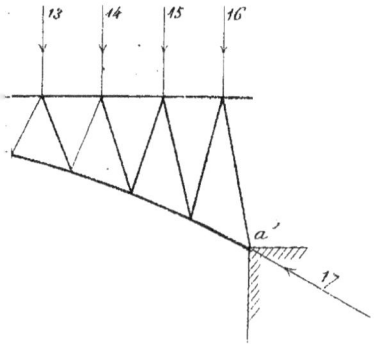

Pl. 42. 43

13  14  15  16

a'

fig 92. § 105

17

19  1
21  22
23  2
25  26
27  3
29  30
18  31  4
20  34
24  33  5
28  6
32  7
8

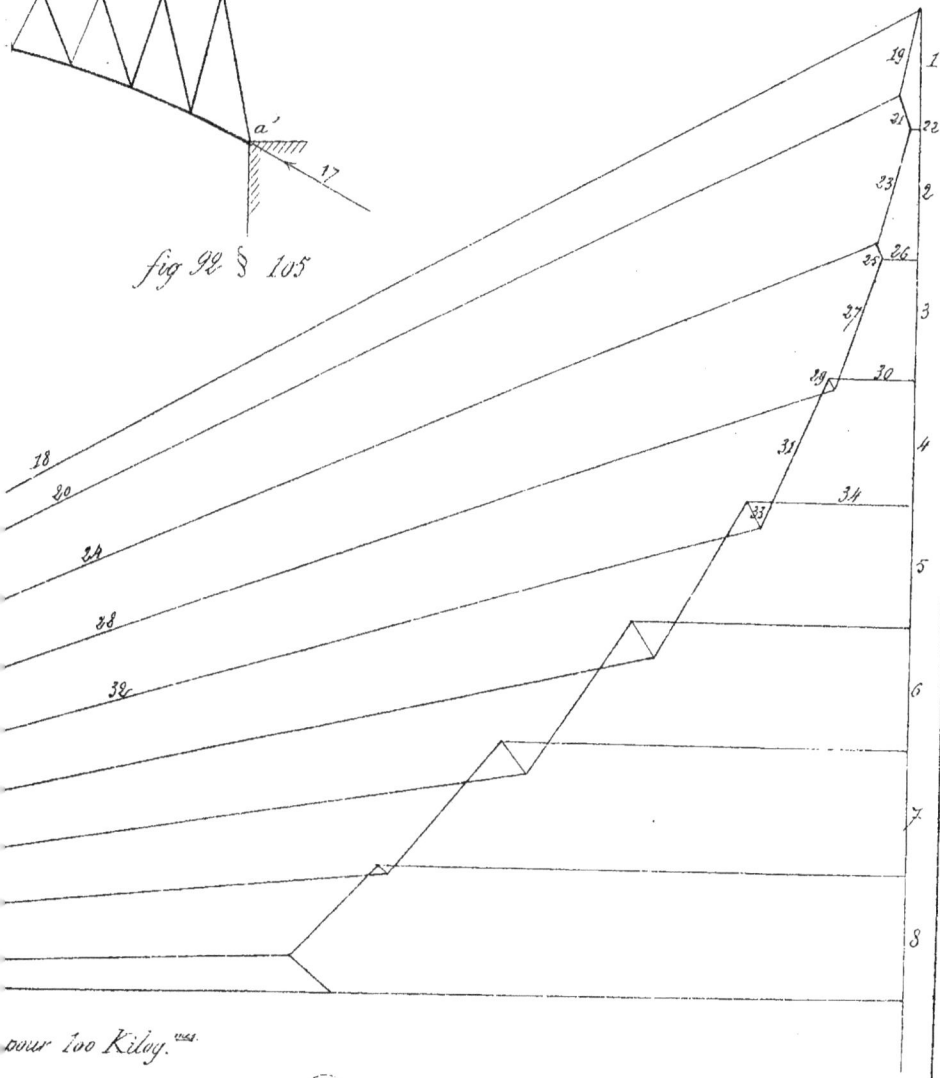

pour 100 Kilog.mes

fig. 93 § 98

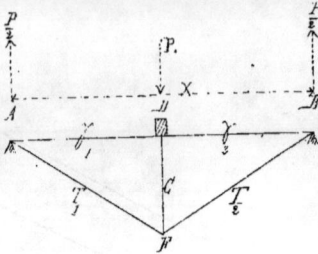

fig. 95 § 99

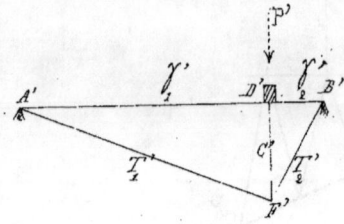

fig. 94 § 98

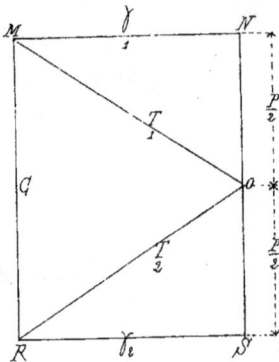

fig. 96 § 99.

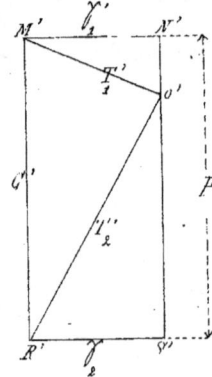

fig. 97 § 100

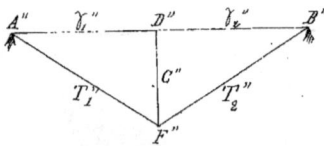

fig. 98 § 100

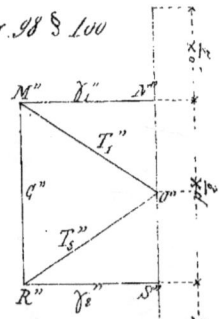

fig. 99 § 108

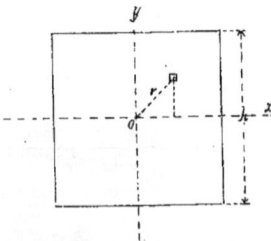

fig. 100 § 110.

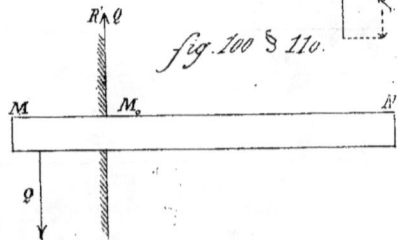

Pièce horizontale encastrée à une extrémité chargée d'un poids uniformément réparti § 107

$$\mu_0 = \frac{pa^2}{2} \qquad f = \frac{pa^3}{8}$$

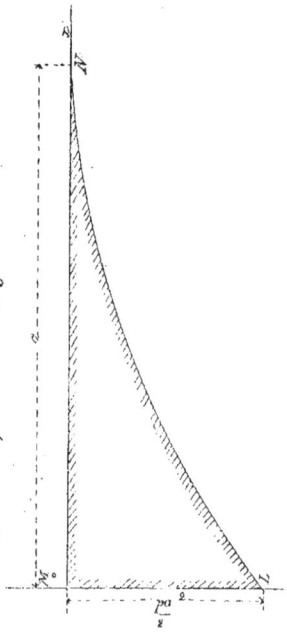

fig. 102 § 111.

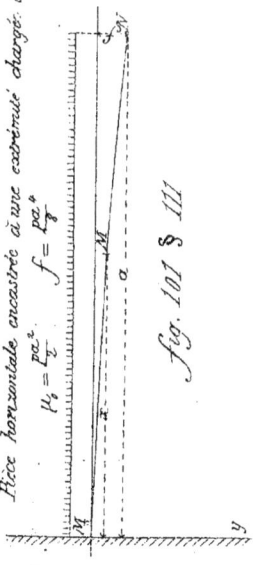

fig. 101 § 111

Pièce horizontale encastrée à une extrémité, chargée d'un poids P à l'autre extrémité. § 108.

$$\mu_0 = Pa \qquad f = \frac{Pa^3}{3}$$

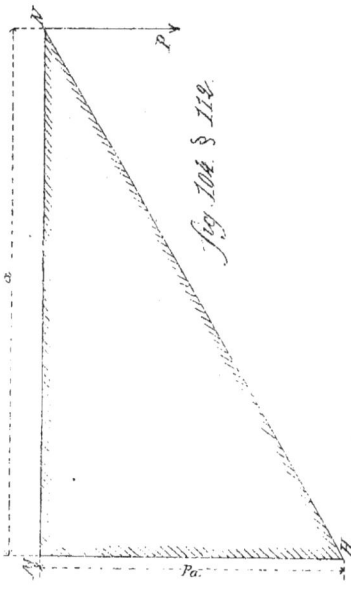

fig. 104 § 112.

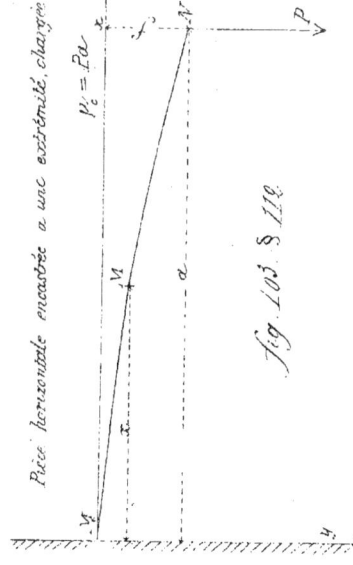

fig. 103 § 112.

E. Lemoine, del.

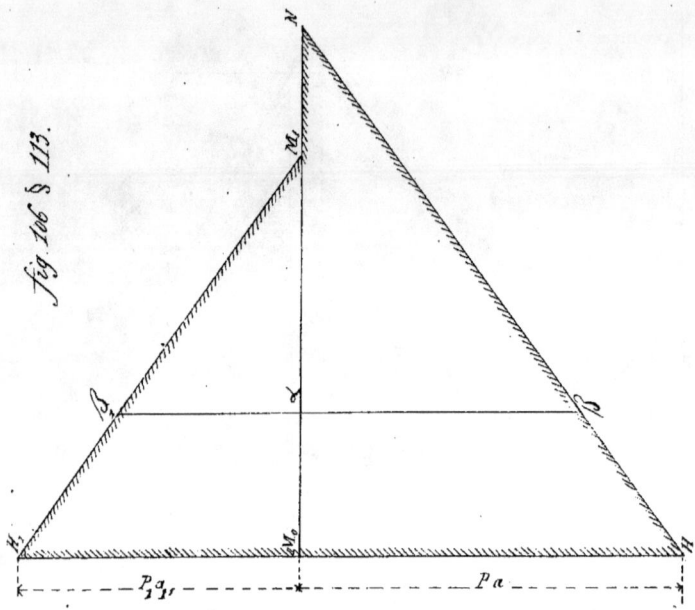

Fig. 106 § 113.

$$\mu = Pa + P_1 a_1$$

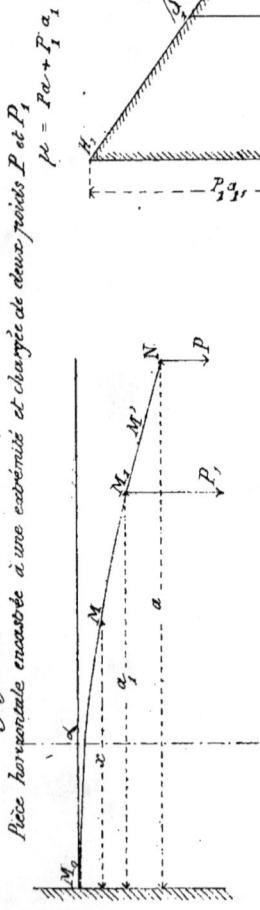

Fig. 105 § 113.

Pièce horizontale encastrée à une extrémité et chargée de deux poids $P$ et $P_1$

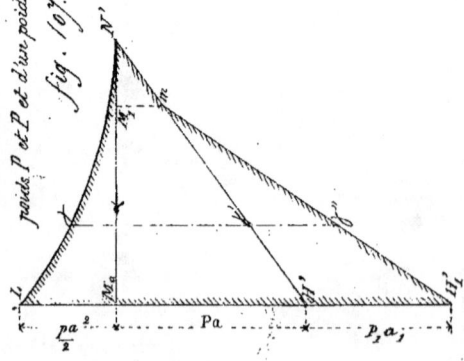

Pièce horizontale encastrée à une extrémité, et chargée de deux
poids $P$ et $P_1$ et d'un poids uniformément reparti

Fig. 107 § 114.

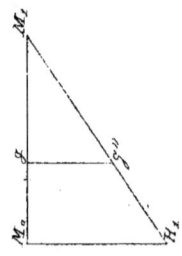

Fig. 108 § 114.

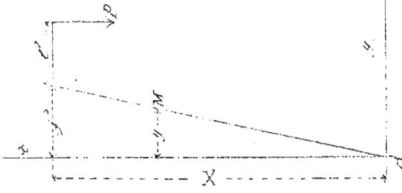

Fig. 113 § 121

Pièce horizontale encastrée à ses deux extrémités, et chargée d'un poids uniformément réparti.

$$\mu_o = \frac{p\alpha^2}{12} \qquad f = \frac{1}{4}\frac{p\alpha^4}{19\varepsilon}$$

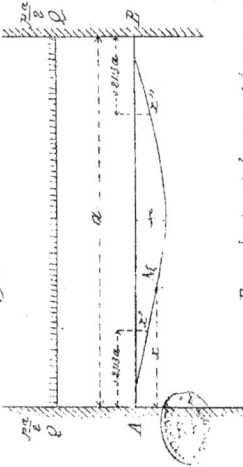

Fig. 109 § 115

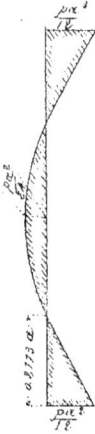

Fig. 110 § 115

$$\frac{p\alpha^2}{12}$$

$$\frac{p\alpha^2}{24}$$

Pièce horizontale encastrée à ses deux extrémités, et chargée d'un poids P en son milieu.

$$\mu_o = \frac{P\alpha}{8} \qquad f = \frac{P\alpha^3}{192\varepsilon}$$

Fig. 112 § 116.

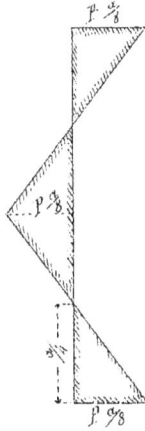

$$P\frac{\alpha}{8}$$

$$\frac{\alpha}{4}$$

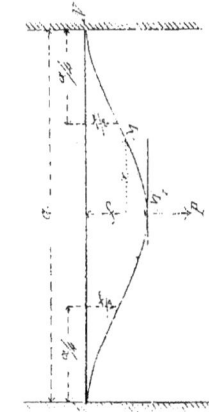

Fig. 111 § 116.

Pièce horizontale encastrée à ses deux extrémités, chargée d'un poids uniformément réparti et d'un poids P en son milieu.

$$\mu_o = \frac{Pa}{8} + \frac{pa^2}{12}$$

*fig. 114. § 117.*

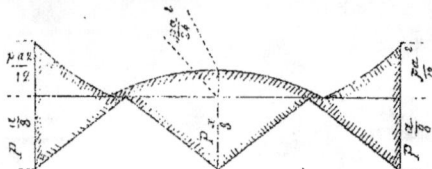

Pièce horizontale encastrée à une extrémité, posée à l'autre sur un point d'appui et chargée d'un poids uniformément réparti.

$$\mu_o = \frac{pa^2}{8} = \frac{16}{128} pa^2.$$

*fig. 115. § 118.*

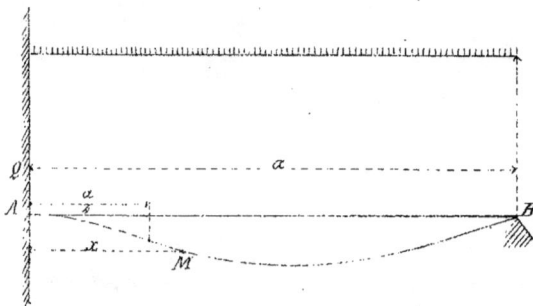

*fig. 116. § 118.*

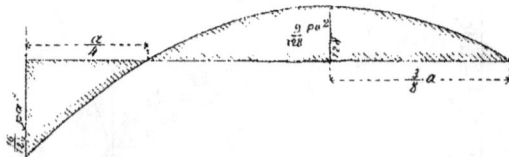

L. Lemoine. Autog.

Pièce horizontale encastrée à une extrémité, posée à l'autre sur un point d'appui et chargée d'un poids $P$ en son milieu.

$$\mu_o = \frac{24}{128} \, Pa$$

fig. 117 § 119.

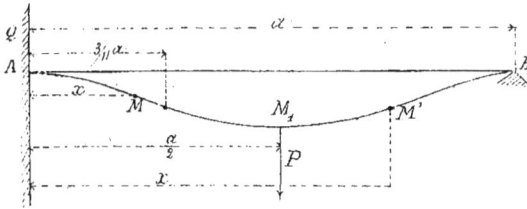

fig. 118 § 119

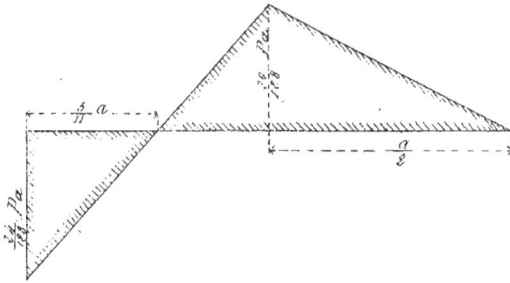

Pièce horizontale encastrée à une extrémité, posée à l'autre sur un point d'appui et chargée d'un poids uniformément réparti et d'un poids $P$ en son milieu.

$$\mu_o = \frac{16}{128} \, pa^2 + \frac{24}{128} \, Pa.$$

fig. 119 § 120.

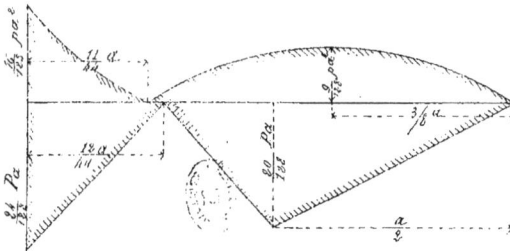

Fig. 117 § 122

Fig. 118 § 123

Fig. 119 § 124

Fig. 120 § 125

Fig. 121 § 126

Fig. 122 § 127